虚拟现实技术概论

张金钊　康博越　张童嫣　著

U0228508

清华大学出版社
北京

内 容 简 介

本书系统全面地介绍了计算机前沿科技——虚拟现实(VR)和增强现实(AR)技术,详细地介绍了Blender 3D 建模设计、VR-X3D 虚拟现实开发技术、Unity 虚拟集成开发环境以及元宇宙等相关知识。本书共 10 章,主要包括虚拟现实技术、增强现实技术、智能可穿戴交互技术、大众化虚拟现实硬件设备、虚拟现实技术应用、Blender 虚拟仿真开发平台、VR-X3D 虚拟/增强现实开发平台、Unity 虚拟/增强现实开发平台、Python 虚拟现实人工智能技术以及元宇宙。

本书是虚拟现实领域前沿的概论性教科书,是集计算机虚拟现实技术、增强现实技术、智能可穿戴技术、VR-X3D 虚拟/增强现实开发平台、Blender 虚拟仿真开发平台、Unity 虚拟仿真开发与设计及元宇宙相关理论知识等内容于一身的实用性教科书。本书内容丰富,深入浅出,思路清晰,结构合理,实用性强。本书配有丰富的虚拟现实技术设计实例并提供了大量的实验文件和源代码,帮助读者更加轻松地掌握本书的技术内容。

本书可作为高等院校多媒体技术、数字媒体技术、计算机应用等专业"虚拟现实技术"课程的教材或教学参考书,也可供从事虚拟现实技术研究、开发和应用的从业人员及虚拟现实爱好者学习参考。

图书在版编目(CIP)数据

虚拟现实技术概论/张金钊,康博越,张童嫣著. —北京:清华大学出版社,2024.1
ISBN 978-7-302-65320-2

Ⅰ.①虚… Ⅱ.①张… ②康… ③张… Ⅲ.①虚拟现实 Ⅳ.①TP391.98

中国国家版本馆 CIP 数据核字(2024)第 038791 号

责任编辑:袁勤勇
封面设计:何凤霞
责任校对:刘惠林
责任印制:沈 露

出版发行:清华大学出版社
      网　　　址:https://www.tup.com.cn,https://www.wqxuetang.com
      地　　　址:北京清华大学学研大厦 A 座　　　邮　　编:100084
      社 总 机:010-83470000　　　邮　　购:010-62786544
      投稿与读者服务:010-62776969,c-service@tup.tsinghua.edu.cn
      质量反馈:010-62772015,zhiliang@tup.tsinghua.edu.cn
      课件下载:https://www.tup.com.cn,010-83470236
印 装 者:三河市铭诚印务有限公司
经　　销:全国新华书店
开　　本:185mm×260mm　　　印　　张:15.25　　　字　　数:360 千字
版　　次:2024 年 3 月第 1 版　　　印　　次:2024 年 3 月第 1 次印刷
定　　价:49.90 元

产品编号:089401-01

前言

党的二十大报告提出,实施科教兴国战略,强化现代化建设人才支撑。深入实施人才强国战略。培养造就大批德才兼备的高素质人才,是国家和民族长远发展大计。随着信息技术和计算机技术的飞速发展,新型的计算机应用技术已经逐渐在社会生活的各个领域得到充分的发展和应用。2018 年,教育部发布的《普通高等学校高等职业教育(专科)专业目录》增补了 3 个专业,分别是水净化与安全技术专业、储能材料技术专业和虚拟现实应用技术专业。其中,虚拟现实应用技术专业大类为电子信息大类,专业类为计算机类。2020 年 2 月 21 日,《教育部关于公布 2019 年度普通高等学校本科专业备案和审批结果的通知》(教高函〔2020〕2 号),公布"2019 年度普通高等学校本科专业备案和审批结果"的"新增审批本科专业名单"有新专业"虚拟现实技术专业"。

虚拟现实技术作为新型计算机应用技术,其出现的时间虽然不长,但是在工业、农业、商业、教育、医疗、娱乐、军事等诸多领域有着十分广泛的应用。随着计算机软硬件和"互联网+"的迅猛发展,以及人机交互设备的不断更新换代,虚拟现实应用技术已渐渐地走入人们的生活。

本书主要介绍虚拟现实技术的主要技术特点和交互体验方式以及基本的开发设计平台,内容包括虚拟现实技术、增强现实技术、智能可穿戴交互技术、大众化虚拟现实硬件设备、虚拟现实技术应用、Blender 虚拟仿真开发平台、VR-X3D 虚拟/增强现实开发平台、Unity 虚拟/增强现实开发平台、Python 虚拟现实人工智能技术以及元宇宙。本书生动形象地把一门新兴却复杂的课程,用简单清晰的方式呈现在读者面前,帮助读者更容易地掌握虚拟现实技术的相关内容。

本书还介绍虚拟现实技术如何利用计算机系统、多种虚拟现实专用设备和软件构造一种虚拟环境,用于实现用户与虚拟环境直接进行自然交互和沟通。阐述作为计算机领域前沿科技的增强现实技术,如何利用宽带网络、多媒体、游戏设计、虚拟人设计、信息地理等与人工智能技术相融合;以及可穿戴式智能设备技术如何应用于日常穿戴的智能化

设计及其开发,例如智能眼镜、手套、手表、手环以及服饰等。重点介绍 VR-X3D 的互联网三维立体图形国际通用软件标准,整合并实现基于网络传播的动态交互三维立体效果。其中的 VR-X3D＋Blender 虚拟仿真开发平台,可以使 Blender 虚拟仿真开发平台与 VR-X3D 虚拟/增强现实交互技术无缝对接,把 Blender 3D 模型、材质、纹理等功能导入 VR-X3D 虚拟/增强交互场景中,极大提高 VR-X3D 虚拟/增强交互技术项目开发的效率,从而实现 VR-X3D 虚拟/增强现实开发平台的构建。而 Unity＋Blender 虚拟/增强现实开发设计平台,可以使 Unity 虚拟/增强现实交互技术与 Blender 虚拟仿真开发平台无缝对接,把 Blender 3D 模型、材质、纹理等功能直接导入 Unity 虚拟/增强现实交互场景中直接使用,减少调整时间,避免二次开发,极大提高 Unity 虚拟/增强现实交互技术项目开发的效率。

本书最后介绍了虚拟现实技术应用的热门领域——元宇宙,重点介绍了元宇宙的诞生、元宇宙的发展历程、元宇宙的理论架构、元宇宙的实现、元宇宙的国内外发展现状、元宇宙的产生生态、工业元宇宙、元宇宙发展的风险方面的内容。

本书的内容和思路可以帮助激发读者在编程以及技术应用过程中的逻辑思维和开发能力,不仅为以后开发大型应用程序打下良好的基础,也教会读者使用计算机前沿科技的虚拟现实技术和虚拟现实开发工具,利用软件工程的思想进行开发、设计、编程、调试和运行。通过虚拟现实语言生动、鲜活的软件项目开发实例,由浅入深、循序渐进地提高读者学习和编程的能力,从而能够真正体会软件开发的真实效果和实际意义,获得无穷乐趣。

本书还提供了丰富的教学资源供教师教学和学生练习使用,以本书内容为基础的教学课件发布在清华大学出版社官网;部分案例的实验文件和源代码,读者也可以通过官网下载。

由于作者水平有限,书中难免出现疏漏,恳请广大读者对本书的不足之处予以指正。

作　者

2024 年 2 月

目录

第1章　虚拟现实技术

虚拟现实(virtual reality,VR)是近年来出现的高新技术,也被称为灵境技术或人工环境。虚拟现实技术是利用计算机模拟产生一个三维的虚拟世界,通过多种虚拟现实交互设备使用户沉浸于虚拟现实环境中,并能直接与虚拟现实场景中的事物进行交互。用户在虚拟现实环境中,可以真实地感受视觉、听觉、味觉、触觉以及智能感知所带来的直观而又自然的效果,得到与在现实世界同样的感受。

1.1　虚拟现实技术概况

虚拟现实是一项综合集成技术,集成了计算机图形学、计算机仿真、人工智能、人机交互、传感、显示、网络并行处理等技术的最新研究成果,是一种由计算机技术辅助生成的高技术模拟系统。它利用计算机生成逼真的三维视觉、听觉、触觉等感觉,使人作为参与者通过适当的虚拟现实装置,对虚拟世界进行体验并与之交互。使用者在虚拟三维立体空间进行位置移动时,计算机可以立即进行复杂的运算,将精确的三维世界影像传回用户端,从而产生临场感。

虚拟现实技术是以计算机技术为基础,利用虚拟现实硬件、软件资源实现的一种极其复杂的人与计算机之间的交互和沟通的过程。利用虚拟现实技术为人们创建一个虚拟空间,并向使用者提供视觉、听觉、触觉、嗅觉、导航漫游等身临其境的感受。用户可以与虚拟现实环境中的三维造型和场景进行交互和感知,亲身体验在神秘、浩瀚的虚拟现实世界尽情遨游的感觉。

虚拟现实技术是通过计算机对复杂数据进行可视化操作与交互的一种全新方式,与传统的人机界面以及目前流行的视窗操作相比,虚拟现实在思想和技术上有了质的飞跃。虚拟现实技术的出现大有一统网络三维立体设计领域的趋势,具有划时代的意义。

计算机将人类社会带入崭新的信息时代,尤其是计算机网络的飞速发展,使世界变成了一个地球村。早期的网络系统主要传送文字、数字等信息,随着多媒体技术在网络上的应用,目前的计算机网络无法承受如此巨大的信息量。为此,人们开发出信息高速公路,即宽带网络系统,而在信息高速公路上驰骋的高速跑车就是 VR-X3D/VRML200x 虚拟现实第二代三维立体网络程序设计语言。

而虚拟现实技术就是指利用计算机系统、多种虚拟现实专用设备以及软件构造一种虚拟环境,以实现用户与虚拟环境直接进行自然交互和沟通的技术。科学家通过虚拟现实硬件设备,如三维头盔显示器、数据手套、三维语音识别系统等与虚拟现实计算机系统进行交流和沟通,使使用者亲身感受在虚拟现实空间中身临其境的快感。

虚拟现实系统与其他计算机系统的本质区别是"模拟真实的环境"。虚拟现实系统模拟的是真实的"环境、场景和造型",把"虚拟空间"和"现实空间"有机地结合形成了一个虚拟的时空隧道,即虚拟现实系统。

虚拟现实技术的特点主要体现在虚拟现实技术的多感知性,沉浸感、交互性、构想性(简称 3I 特性),以及具有网络功能、多媒体技术、人工智能、计算机图形学、动态交互智能感知和程序驱动三维立体造型与场景等基本特征。

(1) 多感知性(multi-sensory)是指除了一般计算机技术所具有的视觉感知外,还有听觉感知、力觉感知、触觉感知、运动感知,甚至包括味觉感知、嗅觉感知等一切人类所具有的感知功能。

(2) 沉浸感(immersion)又称临场感,指用户感到作为主角存在于模拟环境中的真实程度。理想的模拟环境应该使用户难以分辨真假,使用户全身心地投入计算机创建的三维虚拟环境中,该环境中的一切看上去是真实的,听上去是真实的,动起来是真实的,甚至闻起来、尝起来等所有感觉都是真实的,如同在现实世界中体验到的一样。

(3) 交互性(interactivity)指用户对模拟环境内物体的可操作程度和从环境得到反馈的自然程度(包括实时性)。用户可以用手直接抓取模拟环境中虚拟的物体,这时手有握着东西的感觉,并可以感觉物体的重量,视野中被抓取的物体也能立刻随着手的移动而移动。

(4) 构想性(imagination)强调虚拟现实技术应具有广阔的可想象空间,可以拓宽人类的认知范围,不仅可再现真实存在的环境,还可以随意构想客观不存在的甚至是不可能出现的环境。它能充分发挥人类的想象力和创造力,在多维信息空间中,人们可以依靠自己的认识和感知能力获取知识,发挥主观能动性,拓宽知识领域,开发新的产品。

(5) 具有强大的网络功能,可以通过运行 VR-X3D/VRML200x 程序直接接入互联网,可以创建立体网页与网站。

(6) 具有多媒体功能,能够实现多媒体制作,可以将文字、图像、语音、视频等融入三维立体场景,并合成其他多媒体元素达到舞台影视效果。

(7) 具有人工智能,主要体现在 VR-X3D/VRML200x 具有感知功能,利用感知传感器节点来感受用户与造型之间的动态交互。

(8) 动态交互智能感知,用户可以借助虚拟现实硬件设备或软件产品,直接与虚拟现实场景中的物体、造型进行动态智能感知交互,从而产生身临其境的真实感受。

(9) 利用了程序驱动三维立体模型与场景,便于与各种程序设计语言、网页程序进行交互,有良好的程序交互性和接口,便于系统实现扩充、交互、上网等功能。

1.2 虚拟现实技术分类

一般来说,一个完整的虚拟现实系统应该由虚拟环境,以高性能计算机为核心的虚拟环境处理器,以头盔显示器为核心的视觉系统,以语音识别、声音合成与声音定位为核

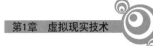

心的听觉系统、立体鼠标、跟踪器，以数据手套和数据衣为主体的身体方位姿态跟踪设备，以及味觉、嗅觉、触觉、力觉反馈系统等功能单元构成。

虚拟现实技术主要包括桌面式虚拟现实系统、沉浸式虚拟现实系统、分布式虚拟现实系统、增强式虚拟现实系统、纯软件虚拟现实系统以及可穿戴虚拟现实系统等。

这些技术都是基于计算机硬件系统、操作系统以及"互联网＋"系统，以 UNIX、Windows、Linux、macOS 以及 Android 等操作系统为开发平台，从而开发虚拟/增强现实产品和可穿戴虚拟现实产品的。在虚拟现实技术分类层次框图中，底层为计算机硬件系统，中间层包含计算机操作系统、VR/AR 系统以及"互联网＋"，上层包含桌面式虚拟现实系统、沉浸式虚拟现实系统、分布式虚拟现实系统、增强式虚拟现实系统、纯软件虚拟现实系统、可穿戴虚拟现实系统，如图 1-1 所示。

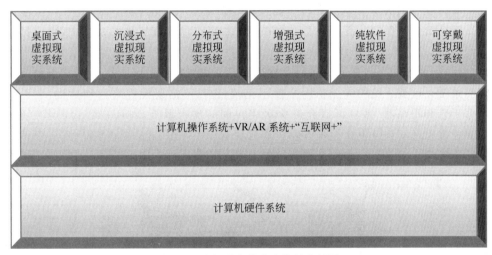

图 1-1　虚拟现实技术分类层次框图

虚拟现实技术的发展、普及要从廉价的纯软件虚拟现实开始逐步过渡到桌面式基本虚拟现实系统，然后进一步发展为完善的沉浸式硬件虚拟现实。经历以上 3 个发展历程，最终实现真正具有真实动态交互和感知的虚拟现实系统。

一个典型的虚拟现实系统包括以高性能计算机为核心的计算机系统、虚拟现实软件系统、虚拟现实硬件设备(系统)、计算机网络系统和人的动态行为。

其中，完整的计算机系统包括计算机硬件设备、软件产品、多媒体设备以及网络设施，它可以是一台大型计算机、工作站或 PC；虚拟现实软件系统包括 VR-X3D/VRML200x、Java3D、OpenGL、Vega 等虚拟现实软件，主要用于软件项目的开发与设计；虚拟现实硬件设备即虚拟现实三维动态交互感知硬件设备，主要用于将各种控制信息传输到计算机，虚拟现实计算机系统再把处理后的信息反馈给用户，实现"人"与"虚拟现实计算机系统"真实动态的交互和感知效果。

虚拟现实硬件设备可以实现虚拟现实场景中"人"和"机"的动态交互感觉，使用户充分体验虚拟现实中的沉浸感、交互性和构想性，如三维立体眼镜、数据手套、数据头盔、数据衣以及各种动态交互传感器设备等。下面将依次介绍几种主要的虚拟现实系统。

1.2.1　桌面式虚拟现实系统

桌面式虚拟现实系统(desktop VR system)是一套基于普通 PC 平台的小型虚拟现实系统。利用中低端图形工作站及立体显示器产生虚拟场景,用户可以通过使用位置跟踪器、数据手套、力反馈器、三维鼠标或其他手控输入设备,以实现虚拟现实技术的重要技术特征(多感知性、沉浸感、交互性、构想性)。在桌面式虚拟现实系统中,计算机的屏幕是用户观察虚拟境界的窗口,在一些专业软件的帮助下,用户可以在仿真过程中设计各种环境。立体显示器被用来观看虚拟三维场景的立体效果,它带来的立体视觉能使用户产生一定程度的投入感。

桌面式虚拟现实系统中主要的功能模块包括计算机系统、显示系统、带有摄像头的光学跟踪系统、音响系统,甚至还有网络系统等。在桌面式虚拟现实系统中,用户将面对着显示屏幕,通过这个窗口可以看到一个虚拟世界。窗口中的景象看起来真实,听起来生动,操作行为如同身临其境。而汽车模拟器、飞机模拟器、电子会议等都属于桌面式虚拟现实系统。这类系统的优点是用户使用比较自由,不需要配戴头盔和耳机,也不需要戴数据手套和跟踪器,并且可以允许多名用户同时加入系统,对用户数量的限制较小。但桌面式虚拟现实系统也存在难以解决双目视觉竞争问题,难以构造用户沉浸于其中的虚拟环境等缺点。桌面式虚拟现实系统如图 1-2 所示。

图 1-2　桌面式虚拟现实系统

1.2.2　沉浸式虚拟现实系统

沉浸式虚拟现实系统要求用户装备上立体眼镜、立体显示头盔、数据手套、数据衣等,使用户与计算机产生的三维图形的交互,从而形成一个虚拟的三维环境。在这个三维虚拟环境中,用户可以多感知(视觉、听觉、力觉、触觉等)地与三维虚拟物体交互,可以进行行走、飞行等行为,其感觉或效果的真实性与人在现实环境中相类似。正是由于虚拟现实把人在三维虚拟世界中的感觉和行为现实化,这样的虚拟现实系统才被称为沉浸式虚拟现实系统(immersive VR system)。沉浸式虚拟现实系统利用封闭的三维立体视景和音响系统,使得用户"进入"计算机系统生成的虚拟世界中,产生身临其境的效果。这是一类较高级的虚拟现实系统,它令用户将个人感观完全沉浸到虚拟世界。按照沉浸式虚拟现实设备的不同,沉浸式虚拟现实系统又可分为基于头盔显示器的虚拟现实系统、CAVE 系统、环幕式系统、工作墙系统、全息工作台系统、球形工作间系统等,接下来

将简单介绍基于头盔显示器的虚拟现实系统以及CAVE系统。

（1）基于头盔显示器的沉浸式虚拟现实系统利用各种头盔显示器将人的视觉、听觉和其他感觉封闭在一起，通过数据手套、头部跟踪器等交互装置，使用户完全置于计算机生成的环境中，从而产生一种身在现实环境中的错觉。计算机通过用户配戴的数据手套和跟踪器可以测算出用户的动作和姿态，并将测得的数据反馈到生成的视景中，使用户产生身临其境的效果。基于头盔显示器的沉浸式虚拟现实系统如图1-3所示。

图1-3　基于头盔显示器的沉浸式虚拟现实系统

（2）空穴型（cave automatic virtual environment，CAVE）沉浸式虚拟现实系统使用的是一套投影设备，是围绕着用户具有多个图像画面的虚拟现实系统，它是由多个投影面组成的一个空间结构。理论上，CAVE系统基于计算机图形学将高分辨率的立体投影技术与三维计算机图形、音响、传感器等技术有机结合，产生一个供多人使用的完全沉浸式的虚拟环境。

CAVE系统是由3块后投影屏作墙，1块下投影屏作地板形成的一个封闭的空间。高分辨率投影仪以120Hz的刷新率显示计算机生成的立体图像。同时，计算机控制的放大器通过扬声器网传播选定的声音。在CAVE系统环境中，用户（一人或多人）会体验被高分辨率的三维图像、声音所完全包围，感受沉浸到虚拟环境中的强烈感觉。

CAVE沉浸式虚拟现实系统是一种全新的、高级的、完全沉浸的数据可视化的手段。在CAVE虚拟环境中，当系统具备结合模拟软件的额外处理能力后，用户就可以与新场景进行交互，体验实时的视觉回应。CAVE系统的典型应用包括交互式分子造型、科学计算可视化、声音模拟、机械制造、建筑设计、天气模拟及医学造型等。CAVE沉浸式虚拟现实系统如图1-4所示。

图1-4　CAVE沉浸式虚拟现实系统

在CAVE系统中，用户视点位置通过位置传感器实时反馈给计算机，计算机通过计算实时生成各屏幕的立体图像。用户戴上立体眼镜就可以看到三维空间的立体效果，体

验身临其境的感觉。同时系统中也配备了三维交互跟踪设备,用户不用移动,只需要操作手上的按钮,就可以大范围地调节观察范围,真正体验在虚拟空间中诸如"漫游""飞行"等的特殊效果,这些特殊效果和感觉在非 CAVE 系统中是无法体验的。

1.2.3 分布式虚拟现实系统

分布式虚拟现实系统(distributed VR system)是虚拟现实与因特网(internet)、内联网(intranet)和外联网(extranet)、信息高速公路(information super-highway)等技术的结合。近年来,随着因特网/万维网的发展,虚拟现实研究领域出现了另一个新的研究方向,即在线虚拟现实方向。在线虚拟现实是指分布在不同地理位置的人,通过因特网/万维网连接一个由计算机产生的网上三维环境。用户在该三维环境中,可以行走、飞行,也可以与虚拟物体或其他用户进行交互。而用户不必戴上立体眼镜、数据手套等设备。在线虚拟现实通常被称为分布式虚拟现实系统。

分布式虚拟现实系统的基础是计算机网络、实时图像压缩等技术,它的关键是分布式交互仿真协议。分布式虚拟现实系统是更为高级的系统,它在沉浸式虚拟现实系统的基础上将多个用户连在一起,共享同一个虚拟空间,从而为用户提供一个更为真实的人工合成环境。随着高速网、宽带网的发展以及计算机计算和三维图形处理能力的提高,沉浸式虚拟现实技术将会逐渐与因特网/万维网融合在一起,分布式虚拟环境也将同时成为沉浸式虚拟环境。

分布式虚拟环境,通过宽带网络可以将分布在世界各地的各种服务器由高速计算机网络连接起来。指挥中心将分布在不同地理位置的独立的虚拟现实系统通过网络进行信息共享,多个用户可以在一个共享的三维虚拟环境中进行交互,协作完成一项任务。分布式虚拟现实系统如图 1-5 所示。

图 1-5　分布式虚拟现实系统

在分布式虚拟环境中,每个独立的虚拟现实系统称为一个"节点"或"主机"。每个用户在虚拟环境中用"实体(entity)"表示,也称为"化身(avatar)"或"对象(object)"。在线虚拟现实一般将人与人之间的社会交互作为系统的重点。

1.2.4 增强现实虚拟现实系统

增强现实(augmented reality,AR)虚拟现实系统是近年来国外众多知名大学和科研机构的研究热点之一。它通过计算机技术,将虚拟的信息应用到真实世界,真实的环境和虚拟的物体实时地叠加到同一个画面或空间并同时存在。增强现实提供了不同于一般情况下,人们可以感知的信息。它不仅展现了真实世界的信息,同时也将虚拟的信息显示出来,两种信息相互补充、叠加。在视觉化的增强现实中,用户利用头盔显示器,便可以看到近乎真实的世界围绕着自己。增强现实借助计算机图形技术和可视化技术产生现实中不存在的虚拟对象,并通过传感技术将虚拟对象准确"放置"在真实环境中,凭借显示设备将虚拟对象与真实环境融为一体,并呈现给使用者一个感官效果真实的新环境。因此增强现实系统具有虚实结合、实时交互、三维注册的新特点。

1.2.5 纯软件虚拟现实系统

虚拟现实硬件系统集成高性能的计算机软件系统、硬件以及先进的传感器设备等,导致虚拟现实硬件系统设计复杂、价格昂贵,不利于虚拟现实技术的发展、推广和普及。因此,虚拟现实技术软件平台的出现成为历史发展的必然。

虚拟现实技术软件平台以传统计算机为依托,以虚拟现实软件为基础,构造出大众化的虚拟现实三维立体场景,实现了只需投入虚拟现实软件产品,同样可以达到虚拟现实的动态交互效果。

纯软件虚拟现实系统,也称大众化模式,是在无虚拟现实硬件设备和接口的前提下,利用传统的计算机、网络和虚拟现实软件环境实现的虚拟现实技术。特点是投资最少,效果最显著,属于民用范围,适合于个人、工程技术人员以及小型开发团队使用,是一种经济实用型的虚拟现实开发模式。虚拟现实软件的典型代表为 VR-X3D、VRML、Java3D、OpenGL 以及 Vega 等产品。本书将着重介绍以虚拟现实软件为平台的纯软件虚拟现实系统,纯软件虚拟现实系统开发的虚拟现实项目,如图 1-6 所示。

图 1-6 纯软件虚拟现实系统开发的虚拟现实项目

1.2.6　可穿戴虚拟现实系统

可穿戴虚拟现实系统是一套沉浸感更强、交互体验更佳的完全浸入式虚拟现实解决方案。可穿戴虚拟现实系统最大的特点是系统部署、简单便捷,极大地提高了虚拟现实技术应用的灵活性。用小巧轻便的头盔取代传统的大屏显示,不再受限于用户场地的大小,摆脱了外界环境的束缚。可穿戴虚拟现实头盔是一种头戴式虚拟现实显示设备,通过头部配戴的方式,全方位覆盖用户视角,营造出更加真实的沉浸效果。同时,辅以 6 自由度的头部位置跟踪和全身动作捕捉设备,通过对用户视点位置的捕捉,使头盔显示内容进行相应的改变,应用于单人及多人的协同体验中,提升了交互感和体验感。

可穿戴行走虚拟现实系统由虚拟人机环境同步平台以及头戴式虚拟现实系统等核心部件组成。其中,虚拟人机环境同步平台由虚拟现实同步模块、可穿戴生理记录模块、VR 眼动追踪模块、可穿戴脑电测量模块、交互行为观察模块、生物力学测量模块、环境测量模块等组成,实现了在进行人机环境或人类心理行为研究时结合虚拟现实技术,可以在基于三维虚拟现实环境变化的情况下实时同步采集"人-机-环境"定量数据(包括如眼动、脑波、呼吸、心律、脉搏、皮电、皮温、心电、肌电、肢体动作、关节角度、人体压力、拉力、握力、捏力、振动、噪声、光照、大气压力、温湿度等)并进行分析评价,所获取的定量结果为科学研究做客观数据支撑。可广泛应用在建筑感性设计、环境行为、室内设计、人居环境研究、虚拟规划、虚拟设计、虚拟装配、虚拟评审、虚拟训练、设备状态可视化等领域。可穿戴智能交互设备如图 1-7 所示。

图 1-7　可穿戴智能交互设备

1.3　虚拟现实动态交互感知设备

虚拟现实动态交互感知设备主要包括三维立体眼镜、头盔显示器(HMD)、数据手套(data glove)、数据衣(data suit)、跟踪设备(tracking equipment)、控制球(sphere controller)、三维立体声耳机(three dimensional earphone)、三维立体扫描仪和三维立体投影设备等。

1.3.1 三维立体眼镜

三维立体眼镜是用于 3D 模拟场景 VR 效果的观察装置,它利用液晶光阀高速切换左右眼图像来增加沉浸感,支持逐行和隔行立体显示的观察,可分为有线和无线两大类,是目前最为流行和经济适用的 VR 观察设备。

有线三维立体眼镜的镜框上装有电池及由液晶调制器控制的镜片,同时三维立体眼镜装有红外线发射器,发射器根据监视器显示的左右眼视图的频率发射红外控制信号。有线三维立体眼镜的液晶调制器接收到红外控制信号后,调制左右镜片上的液晶的光阀的通断状态,即控制左右镜片的透明和不透明状态。通过轮流高速切换镜片光阀的通断,使左右眼睛分别只能看到监视器上显示的左右图像。有线三维立体眼镜的图像质量好,价格高,使用者的活动范围有限。

无线三维立体眼镜是在三维立体眼镜的左右镜片上,使用两片正交的偏振滤光片,分别只容许一个方向的偏振光通过。监视器的显示器前还安装有一块与显示屏同样尺寸的液晶立体调制器,监视器显示的左右眼图像经液晶立体调制后形成左偏振光和右偏振光,然后分别透过无线三维立体眼镜的左右镜片,实现左右眼分别只能看到监视器上显示的左右图像。无线三维立体眼镜价格低廉,适合于大众消费。三维立体眼镜如图 1-8 所示。

图 1-8　三维立体眼镜

1.3.2 数据手套

数据手套是虚拟现实应用的基本交互设备,它作为一只虚拟的手或控件用于三维虚拟现实场景的模拟交互,可进行物体抓取、移动、装配等行为。数据手套具有有线和无线、左手和右手之分,可用于 WTK、Vega 等 3D VR 或视景仿真软件环境中。在数据手套上有一个附加在手背上的传感器,以及附加在拇指和其他手指上的弯曲的柔性传感器,各个柔性传感器可用于测定拇指及其他手指的关节角度。该系统向手套控制器询问它的当前数据,可以使系统在任何时刻计算出手的位置和方向。几种常用的数据手套如图 1-9 所示。

图 1-9　几种常用的数据手套

1.3.3　头盔显示器

头盔显示器(head mounted display,HMD)是沉浸式虚拟现实系统中最主要的硬件设备,用于观测和显示虚拟现实系统的三维立体场景和造型。HMD 是将小型显示器的影像透过自由曲面棱镜变成三维立体的视觉效果,HMD 具有头戴式显示器,使用方便、快捷,可以直接与计算机相连。在 HMD 上辅以空间跟踪定位器,用户可对沉浸式虚拟现实系统三维立体输出效果进行观察和自由移动。沉浸式头盔显示器优于桌面式三维立体眼镜的显示效果。

头盔显示器通常固定于用户的头部,用两块 LCD 或 LED 显示屏,分别向左右眼睛显示由虚拟现实场景生成的图像,左右两块显示屏中的图像是由计算机图形控制部分分别驱动的,屏幕上的两幅图像存在着视差,效果类似人类的双眼视差,用户大脑最终将融合这两幅图像获得三维立体效果。头盔显示器上装有头部位置跟踪设备,用户头部的动作和视点能够得到实时跟踪,计算机随时可以知道用户头部的位置及运动方向,就可以随着用户头部的运动,相应地改变呈现在用户视野中的图像,提高了用户的临场沉浸感,获得了更好的三维立体视觉效果。几种常见的头盔显示器如图 1-10 所示。

图 1-10　几种常见的头盔显示器

1.3.4　三维空间跟踪球

三维空间跟踪球是虚拟现实系统中另一基本的交互设备,该设备用于 6 自由度虚拟现实场景的模拟交互,可从不同的角度和方位对虚拟空间三维物体进行观察、浏览、操控。作为三维空间跟踪定位器,既可作为 3D 鼠标来使用,也可与数据手套以及立体眼镜

联合使用。

三维空间跟踪球和 3D 鼠标,在三维空间中有 6 个自由度,即物体可沿 x、y、z 轴做平移运动,并可围绕 x、y、z 轴做旋转运动。跟踪球装在一个凹形支架上,可以进行扭转、挤压、按下、拉出和摇晃等操作。其中,变形测定器可以测量用户施加在该球上的力度;传感器可以测量用户在 6 个自由度的操作情况,实现了完善的三维交互过程。三维空间跟踪球与 3D 鼠标设备如图 1-11 所示。

图 1-11 三维空间跟踪球与 3D 鼠标设备

1.3.5 三维空间跟踪定位器

三维空间跟踪定位器是虚拟现实系统中用于空间跟踪定位的装置,一般与其他虚拟现实设备结合使用,如头盔显示器、立体眼镜、数据手套等,使用户在空间上能够自由移动,不局限于固定的空间位置,使操作更加灵活、自如、随意。三维空间跟踪定位器有 6 个自由度和 3 个自由度之分,用户可以根据使用情况自由选择相应产品。三维空间跟踪定位器如图 1-12 所示。

图 1-12 三维空间跟踪定位器

1.3.6 力反馈器

力反馈器是虚拟现实研究中的一种重要的设备,该设备能使用户实现虚拟环境中除视觉、听觉之外的第三感觉——触觉和力的反馈感,进一步增强虚拟环境的交互性,从而真正体会到虚拟世界中的交互真实感,该设备广泛应用于虚拟医疗、虚拟装配等诸多领域。

其中,触觉反馈装置反馈的形式有视觉的触觉反馈、电刺激式和神经肌肉刺激式触觉反馈、充气式触觉反馈、振动式触觉反馈等;而力反馈装置则包括机械臂式和操纵杆式。力反馈器如图 1-13 所示。

图 1-13　力反馈器

1.3.7　三维模型数字化仪

三维模型数字化仪(三维扫描仪)是一种先进的三维建模设备,该设备与计算机系统相连。三维扫描仪利用 CCD 成像、激光扫描等技术实现三维模型的采样,再利用配套的矢量化软件对三维模型数据进行数字化处理。该设备特别适合用于建立一些不规则的三维物体造型,如人体器官、骨骼以及雕像的三维建模等。三维扫描仪硬件设备如图 1-14所示。

图 1-14　三维扫描仪硬件设备

1.3.8　三维立体显示器

三维立体显示器是问世不久的一项高新技术产品,过去的立体显示和立体观察都是在 CRT 监视器上进行的,用户戴上液晶光阀的立体眼镜才能进行观看,并且需要通过高技术编程开发才能实现立体显示和立体观察。而该立体显示器则摆脱了以往的技术需求,不需要任何编程开发,就可以实现三维模型的立体显示,只要用肉眼即可观察到突出的立体显示效果,不需要配戴任何立体眼镜设备。同时,它也可以实现视频图像的立体显示和立体观察,如立体电影,同样也无须配戴任何立体眼镜。三维立体显示器如图 1-15所示。

图 1-15　三维立体显示器

1.4　虚拟现实技术发展现状

　　虚拟现实技术是 20 世纪末才兴起的一项崭新的计算机前沿科技,它融合数字图像处理、计算机图形学、多媒体、传感与测量、仿真与人工智能等多学科于一体,为人们建立起一种逼真的、虚拟的、交互式的三维空间环境,能对人的活动或操作做出实时准确的响应,使人仿佛置身于现实世界之中。这种虚拟境界是由计算机生成,但它又是现实世界的真实反映,故称为虚拟现实技术。

　　1989 年,"虚拟现实"这一概念被首次提出,然而并未获得市场的认可。2014 年,随着 Facebook 公司收购 Oculus 公司以及技术的不断完善,虚拟现实迎来了发展元年。2014—2016 年,虚拟现实处于市场培育期。2017—2019 年,随着大量的虚拟现实产品和应用出现,虚拟现实进入了快速发展期,知名品牌产品的问世带动了虚拟现实消费级市场的认知加深和启动,也带动了虚拟现实企业级市场的同步全面发展。随着元宇宙的出现,预计到 2024 年,虚拟现实市场将进入相对成熟期,其产业链也将逐渐完善。

　　虚拟现实程序设计语言 VR-X3D/VRML200x,源于虚拟现实技术,也是 20 世纪末才发展起来的涉及众多学科的一种计算机语言。它是集计算机、仿真、微电子、传感与测量技术于一体的高新科技的融合。虚拟现实程序设计语言,利用虚拟现实技术,在计算机中创建一种虚拟环境,通过视觉、听觉、触觉、味觉、嗅觉以及生理反应等感知器,使用户产生与现实生活相同的感受,有身临其境的体验甚至是生理感觉,可实现用户与虚拟现实环境直接进行交互。虚拟现实程序设计语言,涉及计算机网络、多媒体、人工智能技术三大领域以及自然科学、社会科学和哲学。具体来讲,虚拟现实环境一般包括计算机图形学、图像处理、模式识别、传感器、语音处理、网络技术、并行处理、人工智能等高新技术,还涉及天文、地理、数学、物理、化学、美学、医学、军事、生理和心理等领域。

　　计算机硬件技术、网络技术以及多媒体技术的融合与高速发展,使虚拟现实技术获得了长足的进步并且能在互联网上得以实现和发展。目前常见的网站使用的均为二维图像与动画网页,而采用虚拟现实语言,可以在网站上设计出虚拟现实三维立体网页场

景和立体景物;利用虚拟现实技术制造出一个逼真的"虚拟人",可以为医学实习、治疗、手术及科研做出贡献;在军事领域可以应用虚拟现实技术设计一个"模拟战场",进行大规模高科技军事演习,既可以节省大量费用,又使部队得到了锻炼;在航空航天领域,也可以制造一个"模拟航天器",模拟整个航天器的生产、发射、运行和回收的全过程。总之,虚拟现实技术还可以应用于工业、农业、商业、教育、娱乐和科研等方面,应用前景非常广阔。虚拟现实程序设计语言也是 21 世纪集计算机网络、多媒体、游戏设计、5G 以及人工智能为一体的优秀的开发工具和手段。

2016 年 3 月,我国"十三五"规划纲要明确提出:大力推进虚拟现实等新兴前沿领域创新和产业化。这是"虚拟现实"一词首次出现在国家规划中,无疑为虚拟现实的健康发展打上了一剂强心剂。现在无论是资本市场的表现,还是各种虚拟现实相关会议的火爆,抑或是各种媒体上相关话题的关注度,都表明市场对虚拟现实的期待值飙升,虚拟现实的时代即将来临。在此形势下,产业界应当如何在虚拟现实领域获取发展先机,政府应该采取何种战略规划虚拟现实产业的顶层设计,以便更加强有力地推动我国虚拟现实产业的健康发展,这些都是值得研究的问题。

从虚拟现实产业链看,它包括硬件、软件、应用(内容)和服务。其中,硬件包含零部件和设备;软件包含信息处理和系统平台;应用包含开发与制作;服务包含分发及运营,如图 1-16 所示。

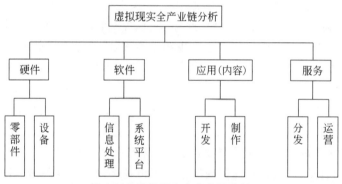

图 1-16　虚拟现实全产业链分析

虚拟现实技术的应用场景多样,消费级应用最贴近市场需求,其中游戏是虚拟现实的终极应用形态。而企业级 2B 应用则需要靠企业、政府等多方面市场主体共同推动,目前来看,军事、房地产、教育等领域将最有可能引领企业级市场的发展。

近年来,虚拟现实技术得到了快速发展,虚拟现实相关产品层出不穷,虚拟现实应用已经深入教育、科研、影视娱乐、安防、军事以及餐饮等人们生产生活的各个领域,虚拟现实产业与 5G 产业相融合并相互促进。如今,越来越多的人知道并开始了解"虚拟现实",但由于虚拟现实技术与设备的发展尚存一些局限性,虚拟现实还没有真正意义上进入千家万户。

1. 虚拟现实在教育领域的应用

目前,虚拟现实人机交互应用的实验效果显著,内容可以涵盖物理、化学、生物、数学、天文和地理等学科。在课堂实验教学中,看不见、看不清或者有危险的部分,都可以通过虚拟现实的方法来解决。为了增强具体实验的体验,实验要使用多模态人机交互的方法让学生参与其中,而不是简单地将实验过程放在屏幕上供学生观看。

近年来,政府出台了一系列相关政策鼓励在教育教学中使用虚拟/增强现实技术,可以看到,虚拟现实教学已经在全球范围内引领了一种潮流,成为教学非常重要的补充,甚至是教学手段非常重要的表现形式。虚拟现实在教学中的应用如图1-17所示。

图 1-17 虚拟现实在教学中的应用

2. 虚拟现实在安防领域的应用

虚拟现实在安防领域的应用前景得到了大众的一致肯定。虚拟现实、增强现实、5G等新技术在安防行业不断应用,催生了新技术、新产品和新模式,已经成为安防产业发展的核心驱动力。利用虚拟现实和5G建立的综合社区管理方案,在实施过程中收到了可喜的效果,可以说是为"VR+安防"技术落地开启了先河。

虚拟现实模拟安防演习系统,集模拟消防逃生救援、消防员训练等模块于一体,为消防安全领域提供了解决时空限制、降低成本的系统解决方案,能结合多种场景定制,展现了虚拟现实技术在安防领域所提供的顶尖专业表现和用户体验水准,如图1-18所示。

图 1-18 虚拟现实模拟安防演习系统

3. 虚拟现实在军事训练方面的应用

虚拟现实技术的目的就是在虚拟数字世界中用数字克隆的手段模拟、推演、测量、播放、增益和优化得到人们在现实世界中无法体验到的感觉。虚拟现实技术近年来在各个领域的发展如火如荼,在军事领域也发挥着至关重要的作用。虚拟现实技术在军事上应用,可以大大降低成本。将虚拟现实技术投入军事的训练中将能有效减少人员、物资的损耗,并且可以突破真实环境的限制,让受训人员在没有危险的情况下提高训练效率。虚拟现实军事训练如图 1-19 所示。

图 1-19   虚拟现实军事训练

4. 虚拟现实在餐饮行业的应用

虚拟现实技术的诞生对于各个行业领域来说,都是一次营销体验的划时代升级。虚拟现实技术运用在销售端的餐饮行业中,餐厅可以提前将位置发给客户,让客户用一键导航功能快速找到,也能让对方提前感受到餐厅的特色菜品和商家环境,提高客户的信任感,还可以植入菜谱供客户挑选喜欢吃的食物,提供在线订餐功能,服务体验全新升级。虚拟现实技术在餐饮行业的应用如图 1-20 所示。

图 1-20   虚拟现实技术在餐饮行业的应用

第 2 章　增强现实技术

2.1　增强现实技术简介

　　增强现实(augmented reality,AR)是近年来国内外众多研究机构和知名院校研究的热点之一。增强现实技术不仅在与虚拟现实技术相类似的应用领域,诸如尖端武器和飞行器的研制与开发、数据模型的可视化、虚拟训练、娱乐与艺术等领域具有广泛的应用,并且由于其具有能够对真实环境进行增强显示输出的特性,因此还在精密仪器制造和维修、军用飞机导航、工程设计、医疗研究与解剖以及远程机器人控制等领域具有比虚拟现实技术更加明显的优势,是虚拟现实技术的一个重要的前沿分支。

　　增强现实技术是利用虚拟物体对真实场景进行"增强"显示的技术,与虚拟现实相比,具有更强的真实感受、建模工作量小等优点。可广泛应用于航空航天、军事模拟、教育科研、工程设计、考古、海洋、地质勘探、旅游、现代展示、医疗以及娱乐游戏等领域。

　　增强现实技术利用计算机生成一种拥有逼真的视觉、听觉、味觉、触觉等交互体感的虚拟环境,并将虚拟信息映射到真实世界,真实的环境和虚拟的物体实时地叠加到了同一个 3D 画面或空间。通过各种传感设备使用户"沉浸"到虚拟环境中,实现用户和环境直接进行自然交互,是一种全新的人机交互技术。

　　在视觉化的增强现实中,用户利用头盔显示器,把真实世界与虚拟环境有机结合,构建一个虚拟和现实世界完美融合的 3D 场景,并享受身临其境的交互体验。增强现实技术"高速列车缓缓开进会场"如图 2-1 所示。

图 2-1　增强现实技术"高速列车缓缓开进会场"

2.2 增强现实技术原理

增强现实是一项将真实世界信息和虚拟世界信息"无缝"集成的全新技术,是把原本在现实世界的一定时间空间范围内很难体验到的实体信息,即视觉信息、声音、味道等,通过计算机以及增强现实硬件和软件技术,模拟仿真后再叠加显示输出,将虚拟的信息应用到真实世界,被人类感官所感知,从而达到超越现实的感官体验。

增强现实技术包含了多媒体、三维建模、实时视频显示及控制、多传感器融合、实时跟踪及注册、场景融合等新技术与新手段。

2.2.1 增强现实技术基本特征

增强现实技术主要有以下3个特点:①真实世界和虚拟世界的信息集成;②具有实时交互性;③在三维尺度空间中增添定位虚拟物体。

增强虚拟现实技术基本特征包括虚实结合、实时交互、三维注册。基于计算机显示器的 AR 实现方案如图 2-2 所示。

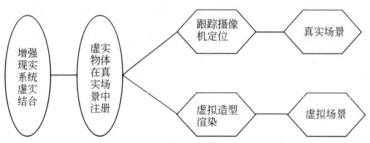

图 2-2　基于计算机显示器的 AR 实现方案

(1) 虚实结合,增强现实是把虚拟环境与用户所处的实际环境融合在一起,在虚拟环境中融入真实场景部分,通过对现实环境的增强,来强化用户的感受与体验。

(2) 实时交互,增强现实系统提供给用户一个能够实时交互的增强环境,即虚实结合的环境,该环境能根据用户的语音和关键部位位置、状态、操作等相关数据,为用户的各种行为提供自然、实时的反馈。

(3) 三维注册技术是增强现实最为关键的技术,其原理是将计算机生成的虚拟场景造型和真实环境中的物体进行匹配。增强现实技术的绝大多数内容是利用动态的三维注册技术的。动态三维注册技术分两大类,即基于跟踪器的三维注册技术和基于视觉的三维注册技术。

虚拟现实与增强现实技术有着密不可分的联系,增强现实技术致力于将计算机产生的虚拟环境与真实环境融为一体,使用户对增强现实环境有更加真实、贴切、鲜活的交互感受。在增强现实环境中,计算机生成的虚拟造型和场景要与周围真实环境中的物体相匹配,使增强虚拟现实效果更加具有临场感、交互感、真实感和构想性。

2.2.2 增强现实技术构成

增强现实技术的构成包括基于计算机显示器的增强现实实现方案和基于穿透式头盔显示器(HMD)实现方案。

(1) 在基于计算机显示器的增强现实实现方案中,将摄像机摄取的真实世界图像输入计算机中,与计算机图形系统产生的虚拟景象合成,并输出到屏幕显示器。用户从屏幕上看到最终的增强场景图片。该过程简单,不能带给用户多少沉浸感。

(2) 头盔显示器被广泛应用于虚拟现实系统中,用于增强用户的视觉沉浸感。增强现实技术的研究者们也采用了类似的显示技术,制作出了在 AR 技术中广泛应用的穿透式头盔显示器。根据具体实现原理又划分为两大类,分别是基于光学原理(optical see-through)的穿透式 HMD 和基于视频合成技术(video see-through)的穿透式 HMD。

2.2.3 增强现实技术实现原理

在增强现实系统实现方案中,增强现实技术的实现主要由增强现实硬件、软件以及跟踪设备等构成。具体实现包括摄像头、显示设备、三维产品模型、现实造型和场景以及相关设备和软件等,如图 2-3 所示。

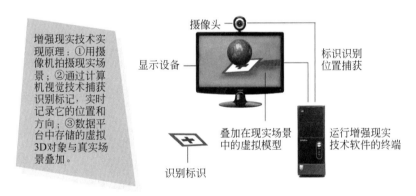

图 2-3 增强现实技术实现原理

2.2.4 基于穿透式头盔显示器增强现实系统

基于穿透式头盔显示器增强现实系统主要由虚拟结合、实时互动、三维注册等技术构成。虚拟结合是把虚拟场景与真实场景有机结合;实时互动是将跟踪摄像机定位的实景与虚拟渲染模型进行匹配;三维注册是把虚拟物体融入真实场景中;最后通过 AR 头盔显示器显示给用户观看。

以微软 HoloLens 全息头盔/眼镜为代表,微软 HoloLens 全息头盔/眼镜的功能定位是通过 AR/MR 技术使用户拥有良好的交互体验。微软 HoloLens 这款头戴显示器不同于顶级虚拟现实设备 Oculus Rift 和 HTC Vive,它本身就是一台独立运行的全息设备甚至是装备 Windows 10 系统的个人计算机。该产品主要作为生产力工具面向企业级应用,随着技术的成熟,有望向平价的消费级市场进一步扩展。

微软 HoloLens 头盔显示器主要包含智能眼镜系统、动作采集摄像头以及数据处理单元。智能眼镜系统类似谷歌眼镜,将信息投射到用户视网膜上,实现虚拟环境与实景的混合。动作采集摄像头用于捕捉体感动作,实现与虚拟物体的互动及其他操作。数据处理单元主要负责处理来自各种传感器、网络单元的信息以及绘制图像。由于内置数据处理单元本身就是一台微型计算机,因此,HoloLens 头盔显示器不需要连接智能手机或其他设备使用,如图 2-4 所示。

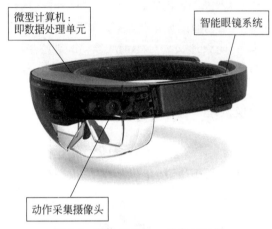

图 2-4 微软 HoloLens 头盔显示器

2.3 增强现实硬件设备

一个典型的增强现实智能交互设备系统由虚拟环境,以高性能计算机为核心的虚拟环境处理器,以头盔显示器为核心的视觉系统,摄像头,传感器系统,虚实定位系统,以语音识别、声音合成与声音定位为核心的听觉系统,立体鼠标,跟踪器,数据手套和数据衣为主体的身体方位姿态跟踪设备,以及味觉、嗅觉、触觉以及力觉反馈系统等功能单元构成。

增强现实硬件设备主要用于将各种控制信息传输到计算机,增强现实计算机系统再把处理后的信息反馈给用户,实现“人”与“增强现实计算机系统”真实动态交互和感知的效果。增强现实硬件设备可以实现虚拟现实场景中“人”“机”的动态交互,使用户充分体验增强现实中的沉浸感、自由体验、体感互动、虚拟与真实融合等感受。

增强现实硬件设备主要包括 AR/3D 眼镜、AR/3D 头盔显示器、数据手套、数据衣、跟踪设备、控制球、三维立体声耳机以及三维立体扫描仪等。

2.3.1 谷歌眼镜

谷歌眼镜(Google project glass)是谷歌公司于 2012 年 4 月发布的一款增强现实型

穿戴式智能眼镜,它集智能手机、相机等多种产品的功能于一身,用户可以通过眼神、声音控制拍照、视频通话和导航,以及上网、处理文字信息和电子邮件等。兼容性上,谷歌眼镜可同任一款支持蓝牙功能的智能手机同步。谷歌眼镜是消费级增强现实眼镜的鼻祖。

谷歌眼镜就像是可配戴式的智能手机,用户可以通过语音指令拍摄照片、发送信息以及实施其他功能。如果用户对着谷歌眼镜的麦克风说"OK,Glass",一个菜单即在用户右眼上方的屏幕上出现,显示拍照片、录像、使用谷歌地图或打电话的图标。谷歌眼镜如图2-5所示。

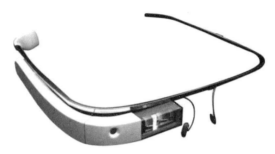

图 2-5　谷歌眼镜

这款设备在多方面的性能上表现得异常突出,用它可以轻松拍摄照片或视频,省去了从口袋里掏出智能手机的麻烦。当AR界面出现在眼镜前方时,虽然让人有些不知所措,但丝毫没有不适感。

2.3.2　微软全息影像头盔

2015年1月22日,微软公司在Windows 10系统预览版的发布会上推出了HoloLens全息影像头盔以及Windows Holographic全息技术。作为融合了CPU、GPU、空间立体声技术以及全息处理单元的特殊AR/MR设备,HoloLens全息影像头盔基本上达到了一台PC的配置。基于以上配置,HoloLens全息影像头盔能将数字内容投射成全息图像。配戴该设备,用户可以用眼睛直接观察到全息投影信息,并且可以与现实世界进行互动,例如在墙上查看消息、查找联系人,在地上玩游戏,在客厅的墙上直接进行视频通话、观看球赛等。HoloLens全息影像头盔看起来像一副眼镜,如图2-6所示。

图 2-6　微软全息影像头盔

全息显示是一种考虑了人眼对物体的深度感知作用在生理上的心理暗示因素,使三维立体图像无限接近于物体自身的显示技术。全息显示的基本原理是利用光的干涉现

象同时记录物光的振幅和相位,加以重建后将能以 2D 或 3D 的形式呈现与原物一样的立体影像。用户观看全息影像时会得到与观看原物完全相同的视觉效果,但不同之处在于后者是现实空间的真实所在,而全息影像则是由光构成,不会有实质的触感。全息显示成像包括透射式、反射式、像面式、彩虹式、合成式、模压式等集中方式。

微软公司的 Windows 10 系统是全球第一个可支持全息影像运算的平台,且提供可用于独立设备上理解环境与手势的各种 API,所有装载在 Windows 10 系统上的程序皆可以全息影像的形式运行,这将使 Windows 10 系统引领一场全新的科技革命。

而微软公司的全息影像眼镜 HoloLens 则是第一款基于 Windows 10 系统的全息影像运算设备,它能够独立运行,不需要线缆,也不用连接手机或 PC,可在实体环境中展示全息影像,建立人们观察世界的全新方式。它配备了高分辨率、可透视镜片,并有立体音效,还有各种传感器与全息影像处理器(holographic processing unit,HPU),可实时处理大量数据以理解周边世界。

2.3.3　增强现实滑雪护目眼镜

"RideOn 滑雪护目镜"是由一支以色列创业团队专门为高山滑雪爱好者设计的,号称是世界上首款真正的增强现实滑雪护目镜。当通过蓝牙连接手机 App 后,使用 RideOn 滑雪护目镜可以查看短信、天气、位置和滑行速度,并且只需要用户的眼神就可以控制。目前该设备可以兼容 iOS 和 Android 系统,并且透视显示清晰度是谷歌眼镜的 3 倍。RideOn 滑雪护目镜具备防水防雾功能,镜片也可以替换。在续航方面,RideOn 滑雪护目镜内置了容量 2200mAh 的锂电池,续航长达 8 小时,可待机 24 小时。RideOn 滑雪护目镜如图 2-7 所示。

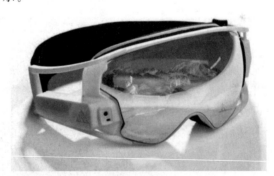

图 2-7　RideOn 滑雪护目镜

RideOn 滑雪护目镜拥有真正的增强现实功能,它采用高透明度和超亮图形的 Clear-Vu 显示技术,在用户的视野中心形成虚拟界面,用户只需一个眼神就能控制 AR 画面。RideOn 滑雪护目镜最大的亮点就在于它全新的浮动交互界面,类似于微软公司的 HoloLens,可以根据用户视线的移动在视野中央生成一个虚拟界面,但它不需要任何手势或者头部动作,也不用借助任何设备、手机 App 或语音进行控制,RideOn 滑雪护目镜仅靠用户一个眼神就能控制界面中的功能菜单。例如,用户眨一下眼就可以给朋友发信息或者语音通话,甚至还可以向朋友扔一个虚拟雪球来玩耍。天寒地冻时不用摘下手套,只需要一个眼神就可以完成上述操作。RideOn 滑雪护目镜真实体验如图 2-8 所示。

图 2-8 RideOn 滑雪护目镜真实体验

2.4 VR/AR 全景摄像机设备

VR/AR 全景摄像机设备可以独立实现大范围 360°无死角拍摄,通常它设有一个鱼眼镜头或一个反射镜面,如抛物线、双曲线镜面等,或者由多个朝向不同方向的普通镜头拼接而成,拥有 360°全景视场(field of view,FOV)。一台全景摄像机可以取代多台普通的摄像机,做到了无缝拼接,实现了视频全景录制,主要应用于虚拟现实和增强现实领域,也可以应用于其他领域,如视频监控、交通安全等。

全景多相机视觉系统(omnidirectional multi-camera system,OMS)是全景摄像机的一种,其内部封装了多个不同朝向的传感器,通过对分画面进行图像拼接操作得到全景效果。主流产品的结构是把若干两百万像素的传感器,以及视场角独立的短焦镜头封装在统一的外壳内,数字处理与压缩等核心技术被集成在前端固件上。工作时将若干单独的画面按用户需求集成为 180°或者 360°的高清全景画面,再由网络或高速总线传输到后端管理平台。

2.4.1 GoPro

这款 GoPro 是具有 16 个摄像头的虚拟现实摄像机,已经在谷歌 I/O 大会上公布,正式名称是"奥德赛",其售价高达 15000 美元,只有专业的创作者和制作人在提出申请之后,才会被允许直接购买。

获得 GoPro 奥德赛虚拟现实摄像机,意味着用户将得到 16 部 GoPro 顶级 Hero 4 相机,1 部麦克风,以及所有必需的电缆和数据线、1 个手提箱以及保修和支持服务。GoPro 奥德赛虚拟现实摄像机如图 2-9 所示。

图 2-9 GoPro 奥德赛虚拟现实摄像机

2.4.2 三星 360°3D 全景虚拟现实相机

三星电子发布的一款虚拟现实相机产品被称为 Project Beyond(超越计划),它通过在球形设备边缘分布安装的 16 个高清摄像头,能够拍摄全景 3D 照片,并能够将捕获的图片拼接到一起,提供实时的现场直播视频,再通过虚拟现实眼罩 Gear VR 可以观看到连续画面。三星旗舰智能平板手机 Galaxy Note 4 为虚拟现实眼罩 Gear VR 提供支持服务。三星公司也正在与 Facebook(已改名为 Meta)公司旗下的虚拟现实设备厂商 Oculus VR 展开合作,推出自己的虚拟现实产品,以展示并强调公司的创新。目前,三星的这款 360°3D 全景虚拟现实相机已经上市,如图 2-10 所示。

图 2-10 三星 360°3D 全景虚拟现实相机

2.4.3 诺基亚虚拟现实球形摄影相机

诺基亚推出了一款虚拟现实球形(360°)摄影相机,产品名称为 OZO,由 Nokia Technologies 高新技术部门专门为专业内容创造者设计,现已在芬兰投入生产。这款虚拟现实照相机定义了一个捕获和播放虚拟现实的全新概念和解决方案。虚拟现实球形摄影相机 OZO 的亮相及其迷人的外观,预示着虚拟现实的美好未来,似乎每一家大型科技公司都想要在虚拟现实领域占领一席之地。

图 2-11 诺基亚虚拟现实
球形摄影相机

诺基亚公司在芬兰西南部的湖港城市坦佩雷工厂进行 OZO 的生产工作。从外观来看,区别于市面上许多扁平的虚拟现实摄影产品,该设备质量大约为 2.72 千克,搭载了 8 枚光学传感器,分布在球形机身的四周。同时,OZO 还配备了 8 颗嵌入式麦克风,隐藏在每枚镜头附近,通过这种方式,该设备可以记录全息影音。OZO 录制的视频可以通过 VR 硬件,如头戴式屏幕来呈现,也能通过第三方专业的数字内容工作流来简化内容发布,如图 2-11 所示。

第3章 智能可穿戴交互技术

3.1 智能可穿戴技术简介

虚拟现实可穿戴技术主要以硬件方式体现,即可穿戴式交互设备。虚拟现实技术重新定义了可穿戴设备,从而打造出可穿戴式交互设备。当今世界正在进入科幻时代,从前只能在科幻片里才能看到的东西,正在一件件出现在现实生活中,"未来科技"虚拟现实技术正在向人们走来。智能可穿戴设备是应用可穿戴技术对日常穿戴进行智能化设计、开发出的可以穿戴的设备的总称,如眼镜、手套、手表、服饰及鞋等。智能可穿戴设备功能齐全、尺寸大小适中;可不依赖智能手机实现完整或者部分功能,如智能手表或智能眼镜等;或者只专注于某一类应用功能,需要和其他设备如智能手机配合使用,如各类进行体征监测的智能手环、智能首饰等。随着技术的进步以及用户需求的变迁,智能可穿戴设备的形态与应用热点也在不断变化。

智能可穿戴设备即可以直接穿在身上,或是整合到用户的衣服或配件的一种便携式设备。智能可穿戴设备不仅仅是一种硬件设备,更可以通过软件支持以及数据交互、云端交互来实现强大的功能,智能可穿戴设备将会对人们的生活带来很大的转变。

智能可穿戴式设备应具备以下基本特征。

(1)可在用户运动状态下使用。

(2)用户使用时可脱离双手。

(3)用户可进行自主控制。

(4)具有运作和控制的可持续性。

(5)多样性,即不同类型的智能可穿戴设备在构成、功能等方面应有所不同。

从以上特征可看出,与传统的智能设备相比,可穿戴式的智能设备与人的结合更为紧密,如图 3-1 所示。

可穿戴设备不仅仅是一种硬件设备,智能可穿戴设备也是指对可穿戴式硬件设备进行智能化设计、研发的全过程,如眼镜、手套、手表、服饰以及鞋等,还可以通过软件支持、"互联网+"以及数据交互、云端交互等手段来实现强大的交互功能,可穿戴设备将会对人们的生活和感知方式带来巨大的改变。

穿戴式技术在国际计算机学术界和工业界一直都备受关注,只不过由于造价成本高和技术复杂,很多相关设备仅仅停留在概念阶段。随着移动互联网的发展、可穿戴技术的进步和高性能低功耗处理芯片的不断推出等,部分穿戴式设备已经从概念走向商用。

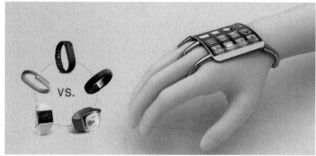

图 3-1　智能可穿戴设备

新式穿戴设备不断推出,谷歌、苹果、微软、索尼、奥林巴斯、摩托罗拉等诸多科技公司也都开始在这个全新的领域深入探索、研究并开发新一代智能可穿戴设备。

研发智能可穿戴设备的本意是探索人与科技全新的交互方式,为每个人提供专属的、个性化的服务,而设备的计算方式无疑要以本地化计算为主。只有这样才能准确去定位和感知专属于个人的非结构化数据,形成独一无二的数据计算结果,并以此找准用户的真正需求,最终通过中心计算的触动规则来展开各种具体的针对性服务。

3.2　智能可穿戴设备的发展历程

早在 20 世纪 60 年代,智能可穿戴技术的思想就已经出现,而具备可穿戴特性的智能设备的雏形则在 20 世纪 70—80 年代出现,史蒂夫·曼恩基于 Apple-Ⅱ 6502 型计算机研制的可穿戴计算机原型即是其中的代表。随着计算机标准化软硬件以及"互联网+"技术的高速发展,智能可穿戴设备的形态开始变得多样化,并逐渐在工业、医疗、军事、教育、娱乐等诸多领域表现出重要的研究价值和应用潜力。

3.2.1　智能可穿戴设备的早期发展

PC 互联网时代,消费者的注意力还全部停留在台式机和笔记本产品之上。但这个时期就已经有厂商、研究机构甚至是个人在穿戴式产品方面进行了尝试,试图对 PC 进行穿戴形态的改造,这也可以被看作"穿戴式计算机"的起源。

早期可穿戴设备的研发主要以实现基础功能为主,其形态则千奇百怪、五花八门,这主要受生产力和技术发展水平的限制。相比工业设计、审美标准以及引申出来的功能,开发者的目光更多地集中在产品实现方面。早期可穿戴设备腕戴式计算机和今天的可穿戴设备相比有体积大、操作不灵活、设计不美观等缺点。

2006 年 3 月,Eurotech 公司曾推出过一款名为 Zypad WL 1000 的腕戴式电阻式触屏计算机,在业界引起了一阵轰动。该产品配备了 3.5 英寸 240×320(ppi)分辨率的显示屏,内置 GPS 模块,支持 802.11b/g 无线网络,除了支持触控,用户还可以利用机身按键进行操作。消费者可以根据需要选择预装了 Linux 或 Windows CE 不同操作系统的版本。Zypad WL 1000 腕戴式计算机主要用于卫生医疗、安全、维修、交通、军事等领域,对大众电子消费者并不友好，而这也成为这款设备寿命短的重要原因之一，如图 3-2 所示。

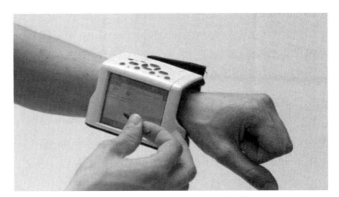

图 3-2 Zypad WL 1000 腕戴式计算机

2012 年，设计师 Bryan Cera 设计了一款名为 Glove One 的手套形态电话，可直接安装 SIM 卡使用，也一度被很多人定义为可穿戴计算设备形态的一种。由于不具备丰富的应用和功能特征，且不具备数据收集、整合和分析的能力，Glove One 仅仅只是对手机进行了穿戴式改造，虽然看起来很酷，但除了基础的通话功能，并没有其他方面的应用和功能特征，其人机交互方式甚至采用的是传统的按键，因而并不完全属于严格意义上的可穿戴设备，如图 3-3 所示。

图 3-3 Glove One 手套电话

PC 互联网逐渐向移动互联网过渡的过程中，平台性产品的出现给可穿戴设备提供了更大的发展空间，尤其是移动操作平台趋于成熟和开发群体的庞大基数，为智能可穿戴设备的开发奠定了坚实的基础。

3.2.2 智能可穿戴设备的发展现状

过去，传统的人机交互通常以键盘、鼠标以及手柄为媒介，而在移动互联网时代，触控成为备受好评的一种新交互形式。

Oculus Rift 虚拟现实头盔的出现为智能可穿戴设备的发展吹起冲锋号。Oculus 公司开发了一款名为 Rift 的沉浸式人机交互解决方案，通过可穿戴设备将用户置身于游戏场景中，为用户提供更为逼真的游戏体验和更为直观的人机交互方式。Oculus Rift 一经问世,就引起人们的极大关注并且获得较多的好评。在 2013 年 E3 游戏展上,Oculus Rift 力压微软 Xbox One 和索尼 PS 4 等劲敌,荣获"最佳硬件奖"称号。而在资本市场,Oculus Rift 在众筹平台 Kickstarter 上筹资达 250 万美元,首轮融资也达到 1600 万美元。种种迹象都表明了外界对这种家庭娱乐方面的可穿戴设备形态人机交互方式的认同和期待。Oculus Rift 可穿戴虚拟现实头盔如图 3-4 所示。

苹果公司的智能手表在可穿戴设备领域获利丰厚,据业界估计,光是 Apple Watch 这款产品给苹果公司带来的利润就高达 55 亿美元,而这样的高利润趋势在未来还将可能继续保持。苹果公司有望成为全球最大的手表制造企业,Apple Watch 产品的受欢迎程度已经超过了瑞士手表。苹果公司的可穿戴智能手表如图 3-5 所示。

图 3-4　Oculus Rift 可穿戴虚拟现实头盔

图 3-5　苹果公司的可穿戴智能手表

3.2.3　智能可穿戴设备的未来发展

尽管运动领域是目前可穿戴设备的主要关注点,但是在未来,这个重点将会逐渐转移到健康保健领域。先进的传感技术、硬件尺寸的缩小、人工智能算法等技术的发展将会让可穿戴设备成为对抗人类慢性疾病的一道有力防线。像糖尿病、心脏病、癌症这样的疾病,都将成为可穿戴设备对抗的目标。随着技术的发展,智能手表将会提前预知人们接下来有可能存在中风、心脏病这类疾病发作的风险。如果可穿戴设备真的能够做到这一点,那么可以相信,全世界对它的重视程度将大大超越现在。健康保健领域的智能可穿戴设备如图 3-6 所示。

图 3-6　健康保健领域的智能可穿戴设备

智能衣物的出现证明了智能可穿戴设备蕴藏的巨大商机,如 Under Armour 等一些公司,已经发布了运动相关的周边产品,如智能运动鞋、智能运动衫等,这些产品能够跟踪用户步数、行走距离等。可穿戴智能健身衣如图 3-7 所示。

图 3-7　可穿戴智能健身衣

目前的可穿戴设备都希望在尽可能小的空间内加入尽可能多的传感器,这个趋势可能会发生改变。在未来,可穿戴设备产品的针对性和目的性会更强。手机将成为一个大的中控平台,作为所有可穿戴技术设备的数据处理大本营。人们将会看到更多针对身体不同部位进行研发的可穿戴产品。智能手表大厂商,如苹果、谷歌、三星等公司将成为大平台的创建者。要实现对人体各个部位更有针对性的检测和服务,传感设备植入衣物、鞋子、手表等服装配件中将成为常态。

3.3　智能可穿戴交互设备分类

可穿戴技术始于 20 世纪 60 年代,是由美国麻省理工学院媒体实验室提出的,利用该技术可以把多媒体、传感器和无线通信等技术嵌入人们的衣着中,可支持手势和眼动操作等多种交互方式。通过"内在连通性"实现快速的数据获取,通过超快的分享内容能力高效地保持社交联系,取代传统的手持设备而获得低延迟的网络访问体验。

可穿戴技术是主要探索和创造能直接穿在身上或是整合进用户衣服或配件的设备的科学技术。可穿戴交互设备在现有的科学技术下创造出的独立智能可穿戴式设备可分为三类：①智能可穿戴内置设备类；②智能可穿戴外置设备类；③智能可穿戴外置机械设备类,如图 3-8 所示。

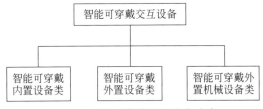

图 3-8　智能可穿戴交互设备分类

3.3.1 智能可穿戴内置设备

智能可穿戴内置设备类包括隐形眼镜、内置芯片等。

2012 年,比利时根特大学微系统技术中心研制出一种智能隐形眼镜。在这种隐形眼镜上,用户可以清楚地看到手机上的内容。这种隐形眼镜带有球形的 LCD 屏幕,用户可以全天候配戴。

谷歌公司也已经获得了智能可穿戴隐形眼镜的专利权。这是一款用于监控用户体内葡萄糖水平的隐形眼镜,内置无线芯片和微型的葡萄糖感应器,搭载在两层隐形眼镜之间,可测量眼泪中的葡萄糖水平,并将收集的数据发送到智能手机等移动设备中进行读取和分析。当葡萄糖超出安全水平时,隐形眼镜能够点亮一个小型的 LED 来警示用户。智能可穿戴内置设备如图 3-9 所示。

图 3-9　智能可穿戴内置设备

3.3.2 智能可穿戴外置设备

智能可穿戴外置设备类的代表是人们最为熟悉的谷歌眼镜,其可以进行镜片式投影,虚拟空间操作等。也许部分用户会觉得谷歌眼镜在操作方面较为别扭,但在科研、教育、医疗等一些其他领域,它却能带来很多意想不到的效果。

微软公司研发的全息影像头盔 HoloLens 就是将一台全息计算机装入头盔中,配戴它,用户可以在客厅、办公室等任意地方看见、听见全息影像,并与之互动。微软公司开发的这款头盔不需要用无线方式连接到 PC,它还用高清镜头、空间声音技术来创造沉浸式的全息体验。智能可穿戴外置设备如图 2-5 和图 2-6 所示。

智能可穿戴外置设备类的技术亮点在于可弯曲屏幕,这种屏幕的优势是可以从各个方向进行观看。LG 近期已经研发出能弯曲 90°的柔性屏幕,那么当可弯曲屏幕真正成形,将智能手机上的配件重新设计布局,一个全功能的可穿戴式设备便也成形了,所以这个是非常值得期待的智能可穿戴外置设备。可弯曲的智能可穿戴外置设备如图 3-10 所示。

图 3-10　可弯曲的智能可穿戴外置设备

3.3.3　智能可穿戴外置机械设备

智能可穿戴外置机械设备类的代表是派克汉尼汾公司的外骨骼装置 Indego。Indego
是一套个人移动系统,它通过陀螺仪和感应器监测使用者
的平衡水平以控制体位改变。这一款智能可穿戴外置机
械设备可用作患者下肢的机械支撑,为臀部和膝盖提供直
立行走所需的扭力或旋转力。得益于专有的控制接口,该
装置运行流畅,能与人体的自然运动和姿态协调一致。
Indego 的质量为 12.25 千克,仅为其他同类型外骨骼装置
质量的一半。此外,其外形纤细轻巧,采用了模块化设计,
可迅速进行组装和拆卸以便于使用和运输。智能可穿戴
外置机械设备如图 3-11 所示。

3.4　智能可穿戴设备技术

图 3-11　智能可穿戴外置机械设备

智能可穿戴设备,一般的理解就是一种可穿戴的便携式计算设备,具有微型化、可携
带、体积小、移动性强等特点。可穿戴设备是一种人机直接无缝、充分连接的交互方式,
其主要特点包括单(双)手释放、语音交互、感知增强、触觉交互、意识交互等。智能可穿
戴设备的主要交互方式及交互技术有以下几方面。

3.4.1　骨传导交互技术

骨传导主要是一种针对声音的交互技术,它是将声音信号通过振动颅骨,不通过外
耳和中耳而直接传输到内耳的一种技术。骨传导振动并不直接刺激听觉神经,但它激起
的耳蜗内基底膜的振动却和空气传导声音的作用完全相同,只是灵敏度较低而已。

在正常情况下,声波通过空气传导、骨传导两条路径传入内耳,然后由内耳的内、外
淋巴液产生振动,螺旋器完成感音过程,随后听神经产生神经冲动,传递给听觉中枢,大
脑皮层综合分析后,最终"听到"声音。简单一点说,就是用双手捂住耳朵,自言自语,无
论发出多么小的声音,人都能听见自己在说什么,这就是骨传导作用的结果。

骨传导技术的应用通常由两部分构成,分为骨传导输入设备和骨传导输出设备。骨
传导输入设备采用骨传导技术接收说话人说话时产生的骨振信号,并传递到远端或者录
音设备;骨传导输出设备将传递来的音频电信号转换为骨振信号,并通过颅骨将振动传
递到人内耳。

目前智能眼镜、智能耳机等产品即是骨传导交互技术的典型应用,骨传导技术是比
较常见的交互技术,包括谷歌眼镜也是采用声音骨传导技术来构建设备与使用者之间的
声音进行交互的。

3.4.2　眼动跟踪交互技术

眼动跟踪又称为视线跟踪、眼动测量,眼动追踪是一项科学应用技术,通常有 3 种追踪方式:一是根据眼球和眼球周边的特征变化进行跟踪;二是根据虹膜角度变化进行跟踪;三是主动投射红外线等光束到虹膜来提取特征。眼动追踪技术是当代心理学研究的重要技术,已经存在了相当长的一段时间,在实验心理学、应用心理学、工程心理学、认知神经科学等领域有比较广泛的应用。随着可穿戴设备,尤其是智能眼镜的出现,这项技术开始被应用在可穿戴设备的人机交互中。

眼动跟踪交互技术的主要原理是,当人的眼睛看向不同方向时,眼部会有细微的变化,这些变化会产生可以提取的特征,计算机可以通过图像捕捉或扫描提取这些特征,从而实时追踪眼睛的变化,预测用户的状态和需求并进行响应,达到用眼睛控制设备的目的。

通常眼动跟踪可分为硬件检测、数据提取、数据综合 3 个步骤。硬件检测得到以图像或电磁形式表示的眼球运动原始数据,该数据被数字图像处理等方法提取为坐标形式表示的眼动数据值,该值在数据综合阶段同眼球运动先验模型、用户界面属性、头动跟踪数据、用户指点操作信息等一起被综合分析处理从而实现眼动跟踪功能。

3.4.3　AR/MR 交互技术

增强现实(AR)是指在真实环境之上提供信息性和娱乐性的覆盖,如将图形、文字、声音、视频及超文本等叠加于真实环境之上,提供附加信息,从而实现提醒、提示、标记、注释及解释等辅助功能,是虚拟环境和真实环境的结合。介入现实(MR)则是计算机对现实世界的景象处理后的产物。

AR/MR 技术可以为可穿戴设备提供新的应用方式,主要是在人机之间构建了一种新的虚拟屏幕,并借助于虚拟屏幕实现场景的交互。这是目前在体感游戏等方面应用比较广泛的交互技术之一。

3.4.4　语音交互技术

语音交互可以说是可穿戴设备时代人机交互之间最直接,也是当前应用比较广泛的交互技术之一。尤其是可穿戴设备的出现,以及相关语音识别与大数据技术的逐渐成熟,给语音交互的发展带来全新的契机。新一代语音交互的崛起,并不是识别技术上取得了多大的突破,而是将语音与智能终端以及云端后台进行了恰到好处的整合,让人类借助数据化的方式通过语音与程序世界实现交流,并达到控制、理解用户意图的目的。前端使用语音技术,重点是在后台集成了网页搜索、知识计算、资料库、问答推荐等各种技术,弥补了过去语音技术单纯依赖前端命令的局限性。

语音交互技术的应用分为两个发展方向:一是大词汇量连续语音识别系统,主要应用于计算机的听写机;另一个则是在小型化、便携式语音产品上的应用,如无线手机、智能玩具等。当然,目前语音交互技术还没有充分普及的关键因素是语音识别的排干扰能力还有待加强,多语境下的识别还有待完善。

第4章 大众化虚拟现实硬件设备

本书前几章已经介绍了相当多的虚拟现实智能设备和产品,但由于开发成本高昂,使虚拟现实技术的普及和发展受到了严重制约。尤其是行业内的巨头,都将研究的重点放在了中高端虚拟现实产品上,导致虚拟现实智能设备和产品产量低、价格昂贵,普通用户难以承受。因此,本章将介绍一些价格低廉,适合普通大众消费使用的虚拟现实硬件设备,如3D眼镜、3D头盔和9D虚拟现实体验馆。

4.1 3D眼镜

3D眼镜,即3D立体眼镜,主要包含色差式3D眼镜、偏振式3D眼镜以及主动快门式3D眼镜等。色差式3D眼镜包括红蓝、红绿、棕蓝等3D眼镜,主要应用于笔记本式计算机、台式机、一体机等。偏振式3D眼镜主要应用于3D立体影院。主动快门式3D眼镜主要为家庭用户提供高品质的3D显示效果。

4.1.1 3D眼镜原理

1. 色差式3D眼镜

色差式3D眼镜是通过眼镜与显示器同步的信号来实现其功能的。当显示器输出左眼图像时,左眼镜片为透光状态,右眼为不透光状态,而当显示器输出右眼图像时,则右眼镜片透光而左眼不透光,这样用户两只眼睛就看到了不同的画面,以这样地频繁切换来使双眼分别获得有细微差别的图像,经过大脑计算从而生成一幅3D立体图像。3D眼镜在设计上采用了精良的光学部件,与被动式眼镜相比,可实现每一副镜片双倍的分辨率以及更宽的视角。色差式3D眼镜使用的是分色立体成像技术,主要应用于笔记本式计算机、一体机、台式机以及电视机等,适合于家庭使用,如图4-1所示。

图4-1 色差式3D眼镜

2. 偏振式3D眼镜

偏振式3D眼镜分为线偏振和圆偏振两种类型。线偏振3D眼镜通过眼镜上两块不

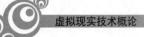

同偏转方向(xy轴方向)的偏振镜片,让用户两只眼睛分别只能看到屏幕上叠加的纵向、横向图像中的一个,从而显示3D立体图像的效果。而圆偏振3D眼镜是新一代的3D偏振技术,这种镜片偏振方式是圆形旋转的,一块向左旋转,一块向右旋转,这样两个不同方向的图像就会被区分开。这种偏振方式基本上可以达到全方位感受3D图像的效果。偏振式3D眼镜主要利用了镜片对光线的偏转,也被称为"分光"技术。偏振式3D眼镜多用于3D影院和剧场,是一种常见的3D影院解决方案。偏振式3D眼镜如图4-2所示。

3. 主动快门式3D眼镜

快门式3D技术可以为家庭用户提供高品质的3D显示效果,这种技术的实现需要一副主动式LCD快门眼镜,交替呈现用户左眼和右眼看到的图像以至于用户的大脑将两幅图像融合成一体,从而产生了单幅图像的3D效果。根据人眼对影像频率的刷新时间来实现的,通过提高画面的快速刷新率(至少要达到120Hz)左眼和右眼各60Hz的快速刷新图像才会让人对图像不会产生抖动感,并且保持与2D视像相同的帧数,观众的两只眼睛看到快速切换的不同画面,并且在大脑中产生错觉,便观看到立体影像。主动快门式3D眼镜需要植入电池单元,因此边框比较宽大,同时其画面亮度也比较低,如图4-3所示。

图 4-2　偏振式 3D 眼镜　　　　　图 4-3　主动快门式 3D 眼镜

4.1.2　3D 眼镜实现

3D家庭影院系统是3D眼镜较为理想的使用场景。3D家庭影院系统一般由3D眼镜、3D播放器以及3D片源构成,如图4-4所示。

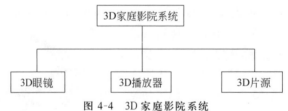

图 4-4　3D 家庭影院系统

本节将以红蓝3D眼镜为例,讲解如何使用3D立体眼镜。

首先需要购买一副红蓝3D眼镜,在计算机上安装3D版暴风影音播放器。

启动"暴风影音"播放器,单击左下角"文件夹"图标,打开"音视频优化技术"界面,如图4-5所示。

单击"3D"图标,选择"3D开关"选项,拖曳按钮至"已开启"状态,表示"已开启"3D视频功能,如图4-6所示。

图 4-5 暴风影音 3D 版播放器

图 4-6 暴风影音 3D 功能设置

打开"3D 设置"菜单,在输出设置中,默认的显示方式为"红蓝双色",打开下拉列表框有"红蓝双色""红绿双色""3D 快门显示器""3D 偏振显示器(隔行)""2D 播放",如图 4-7所示。

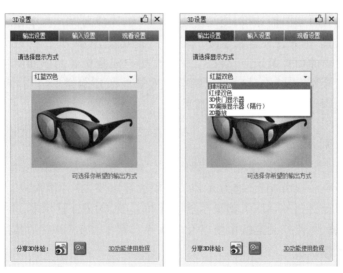

图 4-7 暴风影音红蓝双色眼镜功能设置

设置好 3D 版暴风影音软件,再从互联网上下载红蓝双色格式片源或左右格式片源到计算机中,戴上红蓝 3D 立体眼镜,一个随时可以观看的 3D 家庭影院就诞生了。红蓝 3D 电影影像效果如图 4-8 所示。

图 4-8　红蓝 3D 电影影像效果

4.2　3D 头盔

3D 头盔,即 3D 头盔显示器,与 3D 眼镜一样,也属于低端的大众化虚拟现实硬件产品。

4.2.1　3D 头盔原理

3D 头盔的原理是将小型二维显示器所产生的影像借由光学系统放大。具体而言,就是小型二维显示器所发射的光线经过凸状透镜使影像因折射产生类似远景的效果。利用此效果将近处物体放大至远处观赏,从而形成所谓的全像视觉。小型二维显示器的影像通过一个偏心自由曲面透镜,使其变成类似大银幕的画面。由于偏心自由曲面透镜为倾斜状凹面透镜,因此在光学上它不只具有透镜功能,实际上已成为自由面棱镜。当光线到达偏心自由曲面棱镜镜面,会再全反射至用户眼睛对着的侧凹面镜。侧凹面镜表面涂有一层镜面涂层,光线在反射的同时会再次被放大反射至偏心自由曲面棱镜面,并在该面补正光线倾斜,最终到达用户的眼睛。

4.2.2　3D 头盔实现

随身家庭影院系统由 3D 头盔显示器、3D 播放器以及 3D 片源构成。3D 头盔显示器分为一体机和组合机两种,3D 头盔显示器一体机包含 OLED 显示器、主机芯片、内存储器、定位传感系统、电路控制连接系统以及电池等。其中,OLED 显示器包含图像信息显示系统和光学成像系统。

3D 头盔显示器组合机由头盔设备和智能手机构成。头盔设备包括头盔盖、头盔架、镜片以及头带等。智能手机的尺寸范围在 3.5～6.0 英寸。本节主要介绍 3D 头盔显示器组合机式的随身家庭影院系统,如图 4-9 所示。

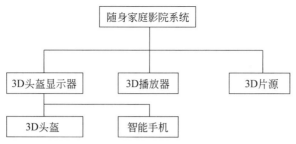

图 4-9　随身家庭影院系统

3D 头盔显示器组合机适合大众消费使用,目前智能手机几乎人手一部,只需投入少量资金购买一台 3D 头盔,就可以构建一台高效的虚拟现实头盔,体验 3D 影院级震撼的视听效果,如图 4-10 所示。

图 4-10　3D 头盔显示器组合机

3D 头盔一般由镜盒盖、光学镜片、眼罩、头带等构成。头盔采用塑料材质,手感舒适。镜盒盖采用双重卡盖开关压扣的构造,方便牢固,既能固定手机,也能对手机起到一定的保护作用。光学镜片一般为树脂材料,能大幅度提升镜片的透光度,减少光学畸变,去除阴影。眼罩采用柔软的亲肤材料,使其与面部接触时产生舒适的感觉。可调节的头带帮助用户将头盔调整到最佳位置,如图 4-11 所示。

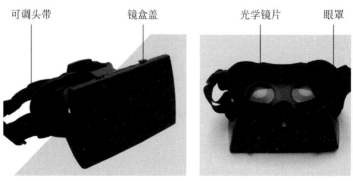

图 4-11　3D 头盔产品构成

打开 3D 头盔的镜盒盖,将尺寸为 3.5～6.0 英寸的智能手机放入,就能成为 3D 头盔显示器组合机,如图 4-12 所示。

图 4-12　3D 头盔安装智能手机

在手机上安装暴风魔镜播放器、射手播放器或爱奇艺播放器等。下载左右视频格式的电影、电视节目。用户使用 3D 头盔显示器组合机将会得到与 3D 立体影院类似的观看效果,还可以体验沉浸式 3D 游戏,如图 4-13 所示。

图 4-13　3D 立体影院观看效果(左)及沉浸式 3D 游戏体验(右)

3D 头盔显示器组合机使用方法如下。

(1)在手机上播放左右视频格式的影片。

(2)打开镜盒盖,将智能手机放入头盔中,使视频左右画面中间分隔线对准盒子左右视线阻挡板。

(3)将 3D 头盔显示器组合机戴到头上,调整头带。

(4)3D 头盔显示器组合机自动将左右视频图像合成为 3D 视频影像。

4.3　9D 虚拟现实体验馆

9D 虚拟现实体验馆是目前较为常见的民用消费级大型虚拟现实硬件产品。

4.3.1　9D 虚拟现实体验馆架构

9D 虚拟现实体验馆由一个 360°全景头盔、一个动感特效互动仓、周边硬件设备以及内容平台结合构成,如图 4-14 所示。

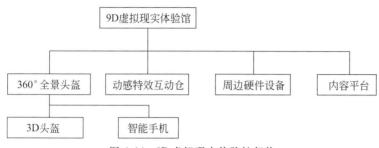

图 4-14　9D 虚拟现实体验馆架构

4.3.2　9D 虚拟现实体验馆实现

正如 4.3.1 节所述,360°全景头盔能带来沉浸式的游戏娱乐体验,用户只要轻轻转动头部就能将头盔中的景象尽收眼底。多声道音频系统有纵向和横向分区,运用离散扬声器将音乐和声效传达到视频所创建的空间中,将"环绕立体声"的效果提升到全新的高度。动感特效互动仓的控制细腻精准,用户在游戏中的每一次俯冲、跳跃、旋转、爬升都仿佛身临其境。智能操作手柄可以轻松完成人机交互,如遇敌作战、行走等。360°旋转平台的运动速度根据视频场景从 10～160mm/s 自动调节,通过任意角度的旋转给用户带来沉浸式的体验。9D 虚拟现实体验馆在互动影院和互动游戏方面不断整合各种娱乐要素,使用户在虚拟世界中的体验更加丰富多彩,如虚拟格斗、虚拟射击、虚拟过山车、虚拟飞行、虚拟驾驶等项目层出不穷。9D 虚拟现实体验馆如图 4-15 所示。

图 4-15　9D 虚拟现实体验馆

第 5 章　虚拟现实技术应用

5.1　航空航天与军事领域

5.1.1　在航空航天领域的应用

将虚拟现实技术运用到任务模拟中,一直都是太空探索的重要环节,因为它能帮助宇航员为未知的太空环境提前做好准备。美国国家航空航天局(NASA)的科学家一直将虚拟现实技术作为了解火星地貌的一种方式。早在 2015 年,NASA 就已经公布了Onsight 项目,通过与微软公司合作,让研究人员使用 HoloLens 全息影像头盔,探索以好奇号火星探测器收集的火星表面数据为基础,构建的虚拟 3D 火星环境,如图 5-1 所示。

图 5-1　虚拟 3D 火星环境

如今,NASA 也邀请普通用户一起探索火星。游戏 *Mars 2030* 由 NASA、MIT 太空系统实验室和多平台媒体公司 Fusion Media 共同开发。该游戏以开放性世界为中心,构建了一个比较自由的火星体验环境,用户不但可以探索超过 40 平方千米的火星地貌,而且还可以与基地的人员进行数据交流。

在 NASA 看来,除了用于实际训练,虚拟现实技术还是一个很好的宣传手段,它能帮助分享航空航天工作,让更多人知道自己为人类的未来而奋斗的崇高使命,也能激励更多的年轻人探索太空。

5.1.2 在军事领域的应用

在模拟虚拟战场环境中,采用虚拟现实技术可以使受训者在视觉和听觉上真实体验战场环境、熟悉将作战区域的环境特征。虚拟战场环境可通过相应的三维战场环境图形图像库来实现,包括作战背景、战地场景、各种武器装备和作战人员等。通过背景生成与图像合成创造一种险象环生、几近真实的立体战场环境,使受训者"真正"进入形象逼真的战场,可以增强受训者的临场感觉,大大提高部队的训练质量。

同时,在该应用系统中,导调人员可设置不同的战场背景,给出不同的实战情况。而受训者则通过立体头盔、数据服和数据手套或三维鼠标操作传感装置,做出或选择相应的战术动作,输入不同的处置方案,体验不同的作战效果,进而像参加实战一样,锻炼和提高技战术水平、快速反应能力和心理承受力。与常规的训练方式相比较,虚拟现实训练具有环境逼真、"身临其境"感强、场景多变、训练针对性强和安全经济、可控制性强等特点。如美国空军用虚拟现实技术研制的飞行训练模拟器,能产生视觉控制,可以处理三维实时交互图形,且有图形以外的声音和触感,受训者不但能以正常方式操纵和控制飞行器,还能处理虚拟现实环境中的其他事件,如摆脱气球的威胁、计算导弹的发射轨迹等。

虚拟现实集团军联合虚拟演习系统建立一个"虚拟战场",使参战双方同处其中,根据虚拟环境中的各种情况及其变化,实施"真实的"对抗演习。在这样的虚拟作战环境中,可以使众多军事单位参与进来,而不受地域的限制,可大大提高战役训练的效益,还可以评估武器系统的总体性能,启发新的作战思想。虚拟军事模拟演练与飞行训练场景如图 5-2 所示。

图 5-2 虚拟军事模拟演练与飞行训练场景

5.2 工业仿真设计领域

虚拟工业仿真设计正对现代工业进行一场前所未有的革命。当今世界工业已经发生了巨大的变化,先进科学技术的应用显现出巨大的威力,虚拟现实已经被世界上一些大型企业广泛地应用到工业的各个环节,对企业提高开发效率,加强数据采集、分析、处理能力,减少决策失误,降低企业风险起到了重要作用。虚拟现实技术的引入,将使工业设计的手段和思想发生质的变化,更加符合社会发展的需要,可以说在工业设计中应用虚拟现实技术是可行且必要的。

在虚拟工业仿真的应用中可生产、检测、组装和测试各种模拟物体或零件,它包括生产、加工、装配、制造以及工业概念设计等。

如今,各发达国家均致力于虚拟制造的研究与应用,这些国家研究所取得的成果是有目共睹的,如波音777飞机的整机设计、部件测试、整机装配以及各种环境下的试飞均是在计算机上完成的,这使其开发周期从过去的8年时间缩短到目前的5年。

在工业仿真设计领域,目前国外已提出两种基于虚拟现实的设计方法:一种是增强可视化,它利用现有的CAD系统产生模型,然后将模型输入虚拟现实环境中,用户充分利用各种增强效果设备如头盔显示器等产生身临其境的感受;另一种是VR-CAD系统,设计者可直接在虚拟环境中参与设计。虚拟工业汽车设计、加工与制造如图5-3所示。

图 5-3 虚拟工业汽车设计、加工与制造

5.3 地理信息与城市规划领域

5.3.1 在地理信息领域的应用

虚拟现实技术将三维地面模型、正射影像以及城市街道、建筑物和市政设施的三维立体模型融合在一起,再现城市建筑及街区景观,用户在显示屏上可以很直观地看到逼真的城市街道景观,可以进行诸如查询、量测、漫游、飞行浏览等一系列操作,满足数字城市技术由二维GIS向三维虚拟现实的可视化发展的需要,为城建规划、社区服务、物业管理、消防安全、旅游交通等提供可视化空间地理信息服务。

电子地图技术是集地理信息系统技术、数字制图技术、多媒体技术和虚拟现实技术等多项现代技术为一体的综合技术。电子地图是一种以可视化的数字地图为背景,用文本、照片、图表、声音、动画、视频等多媒体为表现手段,展示企业、城市、旅游景点等区域综合面貌的现代信息产品,它可以存储于计算机外存,以只读光盘、网页等形式传播,以桌面计算机或触摸屏计算机等为载体供大众使用。由于电子地图产品结合了数字制图技术的可视化功能、数据查询与分析功能以及多媒体技术和虚拟现实技术的信息表现手段,加上现代电子传播技术的作用,它一出现就赢得了社会的广泛关注。虚拟地理信息系统如图 5-4 所示。

图 5-4 虚拟地理信息系统

5.3.2 在城市规划领域的应用

虚拟现实技术可以广泛地应用在城市规划设计的各个方面,利用虚拟现实技术展现城市规划设计虚拟现实系统深刻的体验沉浸感和互动性,不仅能给用户带来强烈、逼真的感官冲击,获得身临其境的体验,还可以通过其数据接口在实时的虚拟环境中随时获取项目的数据资料,方便大型复杂工程项目的规划、设计、投标、报批、管理,有利于设计与管理人员对各种规划设计方案进行辅助设计与方案评审。

虚拟现实技术所建立的虚拟环境是由基于真实数据建立的数字模型组合而成的,严格遵循工程项目设计的标准和要求建立逼真的三维场景,对规划项目进行真实的场景"再现"。用户在三维场景中进行自主漫游、人机交互以及动态感知等,这样很多不易察觉的设计缺陷能够轻易地被发现,减少由于事先规划不周全而造成的无可挽回的损失与遗憾,大大提高了项目的评估质量。

运用虚拟现实系统,人们可以很轻松随意地进行修改,改变建筑高度,改变建筑外立面的材质、颜色,改变绿化密度,只要修改系统中的参数即可,从而大大加快了方案设计的速度和质量,提高了方案设计和修正的效率,也节省了大量的资金。虚拟现实城市规划设计效果如图 5-5 所示。

图 5-5 虚拟现实城市规划设计效果

　　而随着房地产业竞争的加剧,传统的展示手段如平面图、表现图、沙盘、样板房等已经远远无法满足消费者的需要了。虚拟现实技术是集成影视、广告、动画、多媒体、网络科技于一身的新型房地产营销方式,在国内的广州、上海、北京等大城市,国外的加拿大、美国等经济和科技发达的国家都非常热门,是当今房地产行业一个综合实力的象征和标志。其最主要的核心领域是房地产销售,同时在房地产开发中的其他重要环节包括申报、审批、设计、宣传等方面都对其有着非常迫切的需求。虚拟房地产及样板房开发设计如图 5-6 所示。

图 5-6　虚拟房地产及样板房开发设计

5.4　医学领域

　　虚拟现实技术在医学领域的应用具有十分重要的现实意义。在虚拟环境中建立虚拟的人体模型,借助于跟踪球、头盔显示器、数据手套等设备,学生可以很容易了解人体内部各器官结构,这比现有的采用教科书教学的方式要有效得多。Pieper 与 Satara 等研究者在 20 世纪 90 年代初,基于两个 SGI 工作站建立了一个虚拟外科手术训练器,用于腿部及腹部的外科手术模拟。这个虚拟的环境包括虚拟的手术台与手术灯,虚拟的外科手术工具(如手术刀、注射器、手术钳等),虚拟的人体模型与器官等。借助于头盔显示器及数据手套,使用者可以对虚拟的人体模型进行手术。但该系统有待进一步改进,如需提高环境的真实感,增加网络功能,使其能同时培训多个使用者,或可在外地专家的指导下工作等。另外,在远距离遥控外科手术,复杂手术的计划与安排,手术过程的信息指导,手术后果预测及改善残疾人生活状况,乃至新型药物的研制等方面,虚拟现实技术都有十分重要的意义。虚拟现实在医学领域的应用如图 5-7 所示。

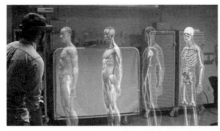

图 5-7　虚拟现实在医学领域的应用

5.5　旅游与考古领域

5.5.1　在旅游领域的应用

　　虚拟现实技术在旅游行业中的一个重要应用是对旅游景区的建设与规划,它既能展现景区每个角落的精心布置,也能让游客轻松预览整体的规划效果,同时具备景区管理功能,管理景区地面、设备设施以及相关数据等,使景区的规划建设得到完美的展现。

　　虚拟现实技术引入旅游产业中,可以对已存在的真实旅游场景进行模拟,将美好的自然风光永久地保存,实现实际景观向虚拟空间移植和再现的效果,同时加入漫游、鸟瞰、行走、自助漫游、选择旅游路线等功能,用户可以体验身临其境的真实感受,从而不必长途跋涉也能感受祖国大好河山的秀丽壮观。

　　而虚拟现实技术在旅游教学、导游培训等方面的应用也具有重大意义,借助虚拟的景区,与景区实现交互,轻松自由游览风景名胜古迹,可以帮助人们学习旅游景区、景点、景观的历史文化知识等。虚拟澳门科技馆与虚拟故宫旅游场景设计如图 5-8 所示。

图 5-8　虚拟澳门科技馆与虚拟故宫旅游场景设计

5.5.2　在考古领域的应用

随着虚拟现实技术的发展和普及,虚拟考古逐渐兴起。利用虚拟现实技术对文物古迹进行仿真和重现,对遗失的古代文明进行虚拟构建和再现,使浏览者体验古代的人类生活。利用虚拟现实技术仿真远古时期的场景,可以重现各种已经消失的动物、植物以及自然景观等。

而虚拟现实技术结合网络技术可以将文物的展示、保护提高到一个崭新的阶段。首先是通过影像数据采集手段,对实体文物建立实物三维或模型数据库,保存文物原有的各项数据和空间关系等重要资源,实现濒危文物资源的科学、高精度和永久的保存。其次是利用这些技术来预先判断、选取将要采用的保护手段以提高文物修复的精度,同时可以缩短修复工期。最后是通过计算机网络来整合统一文物资源,并且通过虚拟技术更加全面、生动、逼真地展示文物古迹,从而使文物古迹脱离地域限制,实现资源共享,真正成为全人类可以"拥有"的文化遗产。

因此,使用虚拟现实技术可以推动文博行业更快地进入信息时代,实现文物古迹展示和保护的现代化。虚拟文物古迹如图 5-9 所示。

图 5-9　虚拟文物古迹

5.6　教育与电子商务领域

5.6.1　在教育领域的应用

虚拟现实应用于教育是教育手段发展的一个飞跃。它营造了"自主学习"的环境,由传统的"以教促学"的学习方式代之为学习者通过自身与信息环境的相互作用来获得知识、技能的新型学习方式。

国内许多高校都在积极研究虚拟现实技术及其应用,并相继建起了虚拟现实与系统仿真的研究室,并将科研成果迅速转化为实用技术,如北京航空航天大学在分布式飞行模拟上的应用;浙江大学在建筑学领域中虚拟规划和虚拟设计上的应用;哈尔滨工业大学在人机交互方面的应用;清华大学对沉浸式虚拟现实技术的研究等都颇具特色。而有的研究室甚至已经具备独立承接大型虚拟现实项目的实力。

虚拟现实技术能够为学生提供生动、逼真的学习环境,如建造人体模型、模拟太空旅行、显示化合物分子结构等。在广泛的科目领域提供无限的虚拟体验,从而提高学生学习知识的效率。亲身去经历和感受比空洞抽象的说教更具说服力,主动的交互与被动的接收有本质的差别。

虚拟实验利用了虚拟现实技术,可以建立各种虚拟实验室,如地理、物理、化学、生物实验室等,拥有以下几项传统实验室难以比拟的优势。

(1)节省成本。通常,由于设备、场地、经费等条件的限制,许多实验都无法开展。而利用虚拟现实系统,学生足不出户便可以做各种实验,获得与真实实验一样的体验。在保证教学效果的前提下,极大地节省了成本。

(2)规避风险。真实实验或操作往往会带来各种危险,利用虚拟现实技术进行虚拟实验,学生在虚拟实验环境中,可以放心地去做各种危险的实验。例如,虚拟的飞机驾驶教学系统,可避免学员操作失误而造成飞机坠毁的严重事故。

(3)打破时间、空间的限制。利用虚拟现实技术,可以彻底打破时间与空间的限制,大到宇宙天体,小至原子粒子,学生都可以进入这些物体的内部进行观察。一些需要几十年甚至上百年才能发生的变化,通过虚拟现实技术,可以在很短的时间内呈现给学生。例如,生物学中的孟德尔遗传定律,用果蝇做实验往往要几个月的时间才能看到结果,而利用虚拟现实技术在一堂课的时间内就可以实现。虚拟地理实验场景体验如图5-10所示。

图 5-10 虚拟地理实验场景体验

利用虚拟现实技术建立的虚拟实训基地,其"设备"与"部件"大多是虚拟的,可以根据需求随时生成新的设备。教学内容可以不断更新,使实践训练及时跟上技术的发展。同时,虚拟现实的沉浸性和交互性,也使学生能够在虚拟的学习环境中扮演相应的角色,全身心地投入学习环境中去,这非常有利于学生各种职业技能的训练,包括军事作战技能、外科手术技能、教学技能、体育技能、汽车驾驶技能、果树栽培技能、电器维修技能等。由于虚拟的训练系统无任何危险,学生可以反复练习,直至完全掌握为止。

在教育部发布的一系列文件当中,多次提及"虚拟校园"的概念,这也表现了虚拟校园越来越得到重视。虚拟校园也是虚拟现实技术在教育领域中最早的具体实现,它由浅至深有3个层次的应用,分别适应虚拟学校不同程度的需求。一是提供基于教学、教务、校园生活的虚拟校园环境,供游客浏览。二是虚拟校园功能,即以学生为中心的相对完

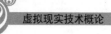

整的三维可视化虚拟校园。三是以虚拟现实技术为基础的远程教育教学平台,虚拟远程教育可为高校设置的分校和远程教育教学点提供可移动的电子教学场所,通过交互式远程教学的课程目录和网站,还可为社会大众提供新技术和高等职业培训的机会,创造更大的经济效益与社会效益。随着虚拟现实技术的不断发展和完善,以及硬件设备价格的不断降低,相信虚拟现实技术以其自身强大的教学优势和潜力,将会逐渐受到教育工作者的重视和青睐,最终在教育领域广泛应用并发挥其重要作用。

5.6.2 在电子商务领域的应用

企业利用虚拟现实技术将它们的产品以三维立体的形式发布到网上,能够展现出逼真产品造型。通过虚拟现实技术的交互性,能够演示产品的功能和使用。顾客通过对三维立体产品的观察和操作互动能够对产品有更加全面的了解和认识,使客户购买商品的几率大幅增加。这样充分利用互联网高速迅捷的传播优势来推广产品,不但能为企业带来更加丰厚的利润,而且为消费者购物带来了便捷。

使用 Web3D 技术能实现网络上的虚拟现实展示,构建一个三维场景,消费者以第一视角在虚拟空间漫游穿行。场景和消费者之间能产生交互,从而产生身临其境的感觉。这对于虚拟展厅、建筑房地产虚拟漫游展示,都提供了有效的解决方案。虚拟电子商务购物场景设计如图 5-11 所示。

图 5-11　虚拟电子商务购物场景设计

5.7　游戏设计领域

三维游戏既是虚拟现实技术在游戏设计中的主要应用方向之一,也为虚拟现实技术的快速发展起到了巨大的推动作用。尽管存在众多的技术难题,但虚拟现实技术在竞争激烈的游戏市场还是得到了越来越多的重视和应用。计算机游戏自产生以来,一直都在朝着虚拟现实的方向发展。从最初的文字 MUD 游戏,到后来的二维游戏、三维游戏,再到网络三维游戏、次时代游戏以及 VR/AR 游戏等,游戏在保持其实时性和交互性的同时，逼真度和沉浸感正在一步步地加强和提高。随着三维技术的快速发展和软硬件技术的不断进步，在不远的将来，真正意义上的虚拟现实游戏必将为人类娱乐、教育和经济发展做出新的更大贡献。虚拟游戏角色设计如图 5-12 所示。

图 5-12　虚拟游戏角色设计

第 6 章　Blender 虚拟仿真开发平台

　　虚拟现实技术发展的终极目标是开发虚拟现实应用,一套功能完备的虚拟现实应用开发平台一般包括两部分:一是硬件开发平台,即高性能的图像生成及处理系统,通常为高性能的计算机或者虚拟现实工作站;二是软件开发平台,其中面向应用对象的虚拟现实应用软件开发平台是最主要的。

　　虚拟仿真开发平台中非常重要的一部分就是三维建模软件,它能够提供虚拟现实应用中所需要的各种三维模型。较常用的包括 3ds Max、Maya 以及 Blender 等软件,把复杂的建模过程变得非常简单和易于理解。

6.1　常见的三维建模软件

6.1.1　3ds Max

　　3D Studio Max 简称 3d Max 或 3ds Max,是 Discreet 公司(后被 Autodesk 公司合并)开发的基于 PC 系统的三维动画渲染和制作软件。其前身是基于 DOS 操作系统的 3D Studio 系列软件。在 Windows NT 系统出现以前,工业级的 CG 制作被 SGI 图形工作站所垄断。3D Studio Max+Windows NT 组合的出现降低了 CG 制作的门槛,起初开始运用在计算机游戏中的动画制作,而后更进一步开始参与影视片的特效制作,例如《X战警Ⅱ》《最后的武士》等。在 Discreet 3ds Max 7 版本问世后,该系列产品正式更名为 Autodesk 3ds Max。

　　3ds Max 这款软件有较高的性价比,它提供的强大功能远远超过了自身低廉的价格,一般的小型制作公司就可以承受得起,这样可以使作品的制作成本大大降低。而且它对硬件系统的要求相对来说也很低,普通的配置已经就可以满足学习的需要了。3ds Max 在国内拥有庞大的用户群,便于学习者和用户进行交流。随着互联网的普及,关于 3ds Max 的论坛热度也越来越火爆。3ds Max 的操作过程十分简洁高效,非常有利于初学者学习。

　　在应用范围方面,3ds Max 广泛应用于商业广告、建筑装潢设计、影视剧后期、工业设计、多媒体制作、游戏设计、辅助教学以及工程可视化等领域。而根据不同行业的特点,对从业者的掌握精度也有不同的要求,建筑设计方面的应用对 3ds Max 的需求相对较低,它只要求单帧的渲染效果和环境效果,只涉及比较简单的动画;多媒体应用中的动画占比较高,该类型的动画设计对从业者的要求相对苛刻一些;而在影视特效制作方面的应用则需要从业者将 3ds Max 的功能发挥到极致。

1. 商业广告

通过 3ds Max 制作的商业广告,画面更逼真,色彩更协调,同时更加具有视觉冲击力和感染力。商业广告效果如图 6-1 所示。

图 6-1　商业广告效果

2. 建筑装潢设计

3ds Max 在建筑装潢设计领域有着悠久的应用历史,它可以快速方便地制作出逼真的效果图。建筑装潢设计效果如图 6-2 所示。

图 6-2　建筑装潢设计效果

3. 影视片头包装

3ds Max 在影视片头包装方面发挥着巨大的作用,能够更好地将内容表现、艺术表达和技术呈现三者有机统一,达到在短短的几十秒内吸引观众的目的,提高收视率。影视片头包装效果如图 6-3 所示。

图 6-3　影视片头包装效果

4. 影视特效

在电影电视剧的制作中,看上去不可能真实拍摄的镜头大多是由 3ds Max 制作出来的。随着 3D 技术在影视制作上的广泛应用,影视作品不断地给观众带来视觉上的震撼体验。影视特效如图 6-4 所示。

图 6-4　影视特效

5. 工业造型设计

由于工业技术更新换代的速度越来越快,工业制造工艺也变得越来越复杂,其设计和制作若仅靠平面绘图难以清晰表现。在 3ds Max 中,可以用不同的材料制作模型,再加上强大的灯光效果和渲染功能,可以使模型的质感更加逼真。因此,3ds Max 常被应用于工业产品效果图的制作。汽车产品设计效果如图 6-5 所示。

图 6-5　汽车产品设计效果

6. 二维卡通动画

二维卡通动画的制作是一项非常烦琐的工作,分工极为细致,通常分为前期制作、中期制作和后期制作。其中,后期制作部分包括剪辑、特效、字幕、合成、试映等步骤,这些步骤都离不开 3ds Max 的技术支持。二维卡通动画效果如图 6-6 所示。

7. 三维卡通动画

在三维卡通动画的布景制作这一步骤中,需要建立许多模型,例如建筑模型、植物模型等,这些都需要用到 3ds Max。三维卡通动画制作效果如图 6-7 所示。

图 6-6　二维卡通动画效果

图 6-7　三维卡通动画制作效果

8. 游戏制作

在游戏制作过程中,大多数游戏公司会选择使用 3ds Max 来制作角色模型、场景环境等,这样可以最大限度地减少模型的面数,增强游戏的性能。游戏制作效果如图 6-8 所示。

图 6-8　游戏制作效果

6.1.2 Maya

Maya 是美国 Autodesk 公司出品的世界顶级的三维动画软件,应用对象是专业的影视广告、角色动画、电影特效等。Maya 功能完善、工作灵活、易学易用、制作效率极高、渲染真实感极强,是电影级别的高端制作软件。

Maya 集成了 Alias、Wavefront 软件最先进的动画及数字效果技术。它不仅包括一般三维和视觉效果制作的功能,还结合了最先进的建模、数字化布料模拟、毛发渲染、运动匹配等技术。Maya 可在 Windows NT 与 SGI IRIX 操作系统上运行。由于 Maya 软件功能更为强大,体系更为完善,国外绝大多数的视觉设计领域从业者都在使用 Maya,国内很多三维动画制作人员也都开始转向使用 Maya,很多公司开始利用 Maya 作为其主要的创作工具。在目前市场上用来进行数字和三维制作的工具中,Maya 是首选的解决方案。Autodesk Maya 集成开发环境三维动画软件界面如图 6-9 所示。

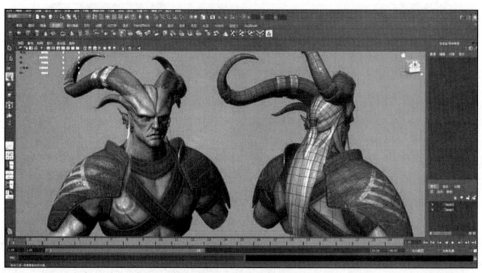

图 6-9　Autodesk Maya 软件界面

Maya 的应用领域极其广泛,影视后期制作领域,例如《星球大战》系列、《指环王》系列、《蜘蛛侠》系列、《哈利·波特》系列,以及《木乃伊归来》《最终幻想》《精灵鼠小弟》《马达加斯加》《怪物史莱克》《金刚》等好莱坞大片均出自 Maya 之手,至于在其他领域的应用则更是不胜枚举。

1. 影视动画

Maya 的写实能力较强,使用 Maya 制作出来的影视动画作品具有很强的立体感,能够轻松地表现一些结构复杂的形体,并且能够产生惊人的逼真效果。Maya 影视动画设计效果如图 6-10 所示。

2. 电视栏目包装

Maya 也被广泛地应用在电视栏目包装上,许多电视栏目的片头都是设计师配合使用 Maya 和其他后期编辑软件制作而成的。Maya 电视栏目包装效果如图 6-11 所示。

图 6-10　影视动画设计效果

图 6-11　电视栏目包装效果

3. 游戏角色设计

Maya 因自身具备的一些优势,使其成为全球范围内应用极为广泛的游戏角色设计与制作软件。除制作游戏角色外,Maya 还被广泛地应用于制作一些游戏场景。Maya 游戏角色设计效果如图 6-12 所示。

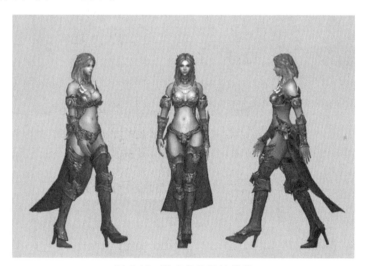

图 6-12　游戏角色设计效果

4. 广告动画设计

在商业竞争日益激烈的今天,广告已经成为一个热门的行业,而使用动画的形式制作电视广告是目前较受厂商欢迎的商品促销手段之一。因此,Maya 也成为电视广告界的宠儿。广告动画设计效果如图 6-13 所示。

5. 室内与建筑设计

室内设计与建筑设计是目前使用 Maya 较为广泛的行业之一,也是大多数 Maya 学习者的首要工作目标。室内与建筑设计效果如图 6-14 所示。

6. 产品设计

Maya 已经成为产品造型设计较为有效的技术手段之一,它可以极大地拓展设计师的思维空间。同时,在产品和工艺开发中,Maya 可以在生产线建立之前模拟实际工作,

图 6-13　广告动画设计效果

图 6-14　室内与建筑设计效果

以检测生产线的实际运行情况,以免因设计失误而造成巨大损失。机械设计效果如图 6-15 所示。

图 6-15　机械设计效果

7. 虚拟场景设计

在虚拟现实技术发展的道路上,虚拟场景的构建是必经之路。通过使用 Maya 可将远古或未来的场景表现出来,从而能够进行更深层次的学术研究,并能使这些场景所处的时代更容易被大众了解和接受。虚拟场景设计效果如图 6-16 所示。

图 6-16 虚拟场景设计效果

6.1.3 3ds Max 与 Maya 比较

3ds Max 属于中端软件,虽然易学易用,但在遇到一些高难度要求(如角色动画、运动学模拟)时,功能远不如 Maya 强大;而 Maya 是高阶的三维建模软件,其用户界面也比 3ds Max 要更人性化,作为三维动画软件的后起之秀,深受业界的欢迎和喜爱。

3ds Max 软件的应用主要针对动画片制作、游戏动画制作、建筑效果图、建筑动画等;Maya 软件的应用主要是动画片制作、电影制作、电视栏目包装、电视广告、游戏动画制作等。Maya 主要是为影视应用而研发的,因此它的 CG 功能十分全面,如建模、粒子系统、毛发生成、植物创建、衣料仿真等。当 3ds Max 用户匆忙地寻找第三方插件时,Maya 用户已经可以早早地安心工作了。

总的来说,3ds Max 属于普及型三维制作软件,而 Maya 的应用层次更高,有条件的情况下更建议学习使用 Maya。

6.2 Blender 简介

Blender 是最全面、最系统的免费跨平台全能三维制作软件,为用户提供建模设计、雕刻设计、材质纹理渲染设计、2D/3D 动画设计、VR/AR 设计、音频处理和视频剪辑等一系列动画短片设计与制作解决方案,支持整个 3D 创作流程,可用于概念设计、动画电影制作、视觉效果、艺术创作、3D 打印模型设计、交互式 3D 应用程序和视频游戏开打与设计。

Blender 的功能包括 3D 绘画、网格建模、雕刻、实时渲染、UV 贴图、纹理绘制、光栅图形编辑、绑定、粒子系统、物理模拟、渲染、光线追踪、烘焙、动画、运动追踪、视频编辑和后期合成等,并以 Python 为内建脚本,支持 YafaRay 渲染器,商业创作永久免费。

6.2.1 Blender 功能特点

Blender 功能特点可以总结为以下几点。

(1) 建模设计：Blender 的建模工具集内容十分丰富，如 3D 网格建模、雕刻、拓扑、曲线曲面以及修改器等。

(2) 雕刻设计：Blender 拥有功能强大且灵活的数字雕刻工具，可在很多应用场景和造型中使用。

(3) 动画设计：动画和绑定是专为制作 Blender 动画而设计的。

(4) 渲染设计：Blender 凭借 Cycles 光线追踪渲染器，可以创作令人惊叹的渲染效果。

(5) 蜡笔设计：Blender 突破性地将故事板和 2D 内容设计融合进了 3D 视图中。

(6) VFX 特效：Blender 可以使用相机和物体运动跟踪算法，遮罩并合成到作品里。

(7) 视频编辑：Blender 视频编辑器提供了一系列基本功能以及各种非常有用的工具。

(8) 模拟：Blender 具有 Bullet 和 MantaFlow 等行业标准的库，并提供强大的物理仿真模拟工具。

(9) 工作流：Blender 集成了多个工作流工具，可用于多种生产流程。

(10) 脚本设计：Python 语言可用于编写和自定义脚本，还可以通过 Python API 脚本来自定义界面。

(11) 界面设计：由于其自定义的架构，Blender 的 UI、窗口布局和快捷键都可以完全自定义设计。

(12) 跨平台设计：Blender 使用了 OpenGL 的 GUI，可以在所有主流平台上都表现出一致的显示效果，在 Linux、Windows 以及 macOS 系统上运行良好。

(13) 灵活机动：体积小巧，便于分发。

作为 GNU 通用公共许可证(GPL)下的社区驱动项目，公众有权对 Blender 代码库进行更改，从而能使新功能响应式错误修复并获得更好的可用性。

6.2.2 Blender 界面简介

首先启动 Blender，软件显示欢迎画面。关闭欢迎画面，只需要按 Esc 键或者单击 Blender 窗口内除了"欢迎画面"的任何位置即可。Blender 用户界面在所有的操作系统上都是一样的。通过定制屏幕布局，可以让它适应不同的工作应用范围，这些定制可以重命名后保存，方便以后的工作使用。Blender 用户界面特征：支持多窗口操作，且各窗口之间不重叠可以清楚显示所有的选项和工具，而不用四处拖曳窗口；工具和界面选项不会被遮挡，界面中的各种工具可以直接找到。

Blender 界面主要由标头、3D 视图编辑器、场景大纲(视图)、场景属性编辑器以及动画时间线等功能模块组成。Blender界面主要功能模块划分如图6-17所示。

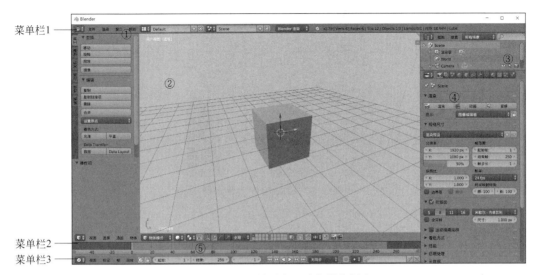

图6-17 Blender界面主要功能模块划分

① 标头,位于用户界面顶部的菜单栏,在标头中,主要有文件、渲染、窗口以及帮助等功能。

② 3D视图编辑器,位于用户界面的中间部分,可以对3D模型进行雕刻、移动、旋转以及缩放等操作。

③ 场景大纲(视图),位于用户界面的右上方,是一棵场景树,包含根场景、子场景以及节点等,有层次视图、场景搜索等操作。

④ 场景属性编辑器,位于用户界面的右下角,用于对场景中的各种属性进行设置。

⑤ 动画时间线,位于用户界面的底部,利用动画时间线,通过视图、标记、帧以及回放等功能可以进行动画设计。

为了方便读者阅读和实际操作,本书对Blender界面内上、中、下3个菜单栏分别命名为"菜单栏1""菜单栏2""菜单栏3",如图6-17所示。

6.3 Blender 3D几何建模技术

6.3.1 基本物体造型

Blender提供了十分丰富的基本物体造型:基本的几何物体和网格物体。基本的几何物体包括球体、立方体、圆锥体以及圆柱体等;基本的网格物体包含平面、圆环、棱角球、环体、栅格以及猴头等。

在Blender界面左侧菜单栏中,选择"创建"→"添加网格"选项,即可添加基本物体造型。也可以在图6-17所示的菜单栏2中选择"添加"→"网格"选项,找到所有基本物体的分类添加菜单;还可以按快捷键Shift+A弹出添加物体的快捷菜单,如图6-18所示。

59

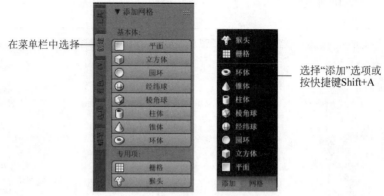

图 6-18　创建基本物体造型

6.3.2　3D 物体基本操作

Blender 中 3D 物体坐标的定位、旋转以及缩放等功能可以通过选择 3D 视图编辑器中的图标 来实现,可以单击或者按快捷键 Ctrl＋Space 进行图标的选择和切换。其中,图标 分别代表物体在 3D 视图编辑器中的移动、旋转以及缩放 3 个功能,如图 6-19 所示。

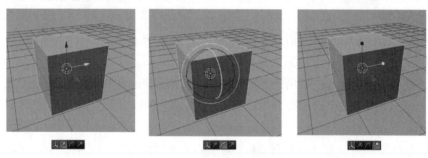

图 6-19　3D 物体基本操作

物体移动:单击 功能按钮,可以移动 3D 物体到空间的任何位置。

物体旋转:单击 功能按钮,可以实现 3D 物体在 3 个坐标轴上进行任意角度的旋转。

物体缩放:单击 功能按钮,可以使 3D 物体沿任意坐标轴方向进行缩放。

在编辑模式下,在图 6-17 中的菜单栏 2 中,可以通过选择"网格"→"变换"→"移动/旋转/缩放"选项,对物体进行相应的操作。也可以使用快捷键,分别为 G(移动)、R(旋转)、S(缩放)。

物体移动:按快捷键 G;也可以按快捷键 G＋X、G＋Y、G＋Z 使物体分别沿 3 个坐标轴方向移动。

物体旋转:按快捷键 R;也可以按快捷键 R＋X、R＋Y、R＋Z 使物体在 3 个坐标轴上进行任意角度的旋转。

物体缩放:按快捷键 S;也可以按快捷键 S＋X、S＋Y、S＋Z 使物体沿任意坐标轴方向进行缩放。

6.3.3　基本几何模型设计

使用 6.3.1 节中的方法分别添加基本几何物体包括立方体、球体、圆柱体以及圆锥体,右键选取每个物体造型,按快捷键 N 对每个物体造型进行参数设置。

立方体参数:位移($X=0$、$Y=-6$、$Z=0$),旋转($X=0°$、$Y=0°$、$Z=0°$),缩放比例($X=1$、$Y=1$、$Z=1$),尺寸大小($X=2$、$Y=2$、$Z=2$)。

球体参数:位移($X=0$、$Y=-3$、$Z=0$),其他参数与立方体相同。

圆柱体参数:位移($X=0$、$Y=1$、$Z=0$),其他参数与立方体相同。

圆锥体参数:位移($X=0$、$Y=5$、$Z=0$),其他参数与立方体相同。

基本几何物体造型如图 6-20 所示。

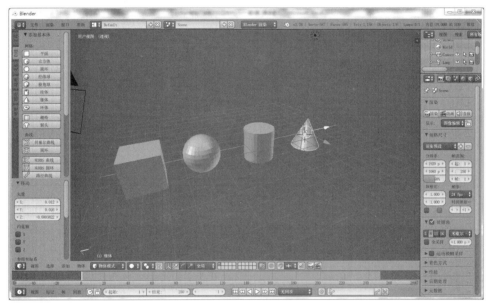

图 6-20　基本几何物体造型

添加网格物体包含平面、圆环、棱角球、圆环体、栅格以及猴头等。右键选取每个物体造型,按快捷键 N 对每个物体造型进行参数设置。

平面参数:位移($X=0$、$Y=-6$、$Z=0$),旋转($X=0°$、$Y=90°$、$Z=0°$),缩放比例($X=1$、$Y=1$、$Z=1$),尺寸大小($X=2$、$Y=2$、$Z=0$)。

圆环参数:位移($X=0$、$Y=-3$、$Z=0$),旋转($X=0°$、$Y=90°$、$Z=0°$),缩放比例($X=1$、$Y=1$、$Z=1$),尺寸大小($X=2$、$Y=2$、$Z=0$)。

棱角球参数:位移($X=0$、$Y=0.25$、$Z=0$),旋转($X=0°$、$Y=0°$、$Z=0°$),缩放比例($X=1$、$Y=1$、$Z=1$),尺寸大小($X=2$、$Y=2$、$Z=2$)。

圆环体参数:位移($X=0$、$Y=5$、$Z=0$),旋转($X=0°$、$Y=90°$、$Z=0°$),缩放比例($X=1$、$Y=1$、$Z=1$),尺寸大小($X=2.5$、$Y=2.5$、$Z=0.5$)。

栅格参数:位移($X=2$、$Y=-3$、$Z=-2.5$),旋转($X=0°$、$Y=90°$、$Z=0°$),缩放比例($X=1$、$Y=1$、$Z=1$),尺寸大小($X=2$、$Y=2$、$Z=0$)。栅格为 $10×10$ 的平面,单击"Tab

制表"按钮,进入编辑模式,即可以看到平面与栅格物体的区别。

猴头参数:位移(X＝4、Y＝1、Z＝0),旋转(X＝0°、Y＝0°、Z＝85°),缩放比例(X＝1、Y＝1、Z＝1),尺寸大小(X＝2.734、Y＝1.703、Z＝1.969)。

基本网格物体造型如图 6-21 所示。

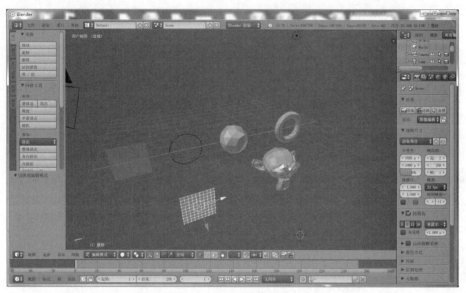

图 6-21　基本网格物体造型

6.4　Blender 3D 网格建模设计

网格物体的构成包含三个基本结构要素:点、线、面。网格物体最基本的部分是顶点,它是在三维空间中的一个点;而两个或多个相互关联的顶点之间的连线被称为一条边缘线;三条或更多的边缘线可以连接构成一个平面,形成该模型的面的几何形状被称为拓扑结构。因此,点是指网格物体的顶点,线表示网格物体的边线,面是指由点、线构成的三角面或四边形面。网格物体中的点、线、面结构如图 6-22 所示。

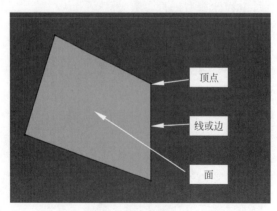

图 6-22　网格物体中的点、线、面结构

Blender 网格建模主要是利用顶点、边和面进行网格设计。可以使用两种模式对几何或网格物体对象进行设计工作,一种是物体模式,另一种是编辑模式。在物体模式中,对物体对象进行的各种操作会影响整个对象;在编辑模式中,对物体对象的操作,只影响选中对象的几何形状,不影响全局属性,如移动、旋转以及缩放等。物体模式与编辑模式的切换可使用快捷键 Tab。在物体模式和编辑模式下,按快捷键 Z 使物体与框线之间切换。

6.4.1 网格物体建模

网格物体结构设计涵盖顶点、线以及面的绘制过程。

(1) 顶点表示三维空间中的一个点的位置。可以用一个简单的方法来创建一个新的顶点:在编辑模式下,按 Ctrl+鼠标左键创建一个顶点,然后按快捷键 Shift+D,拖曳光标至需要的位置创建另一个点,重复该动作创建更多的点。

网格物体点的具体绘制过程如下。

① 启动 Blender,按 Tab 键切换至编辑模式,然后按 Delete 键删除默认物体。

② 在 3D 视图编辑器中,按 Ctrl+鼠标左键创建一个新的顶点 A 点。

③ 按快捷键 Shift+D 后,拖曳光标到理想位置,则创建顶点 B。

④ 按 Tab 键返回物体状态,添加两个顶点 A 和 B,如图 6-23 所示。

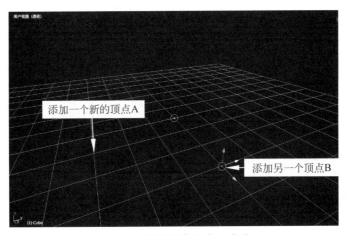

图 6-23　添加两个顶点 A 和 B

(2) 一条边总是通过一条直线连接两个顶点而确定的。边缘的"线段"绘制的效果与物体线框视图网格类似,通过选择两个顶点并按 F 键即可创建一条边缘线,具体绘制过程如下。

① 启动 Blender,按 Tab 键切换至编辑模式,然后按 Delete 键删除默认物体。

② 在 3D 视图编辑器中,按 Ctrl+鼠标左键分别创建顶点 A、B、C。再按 F 键绘制在 A、B、C 三点之间的三条线段。

③ 按 Ctrl+鼠标左键创建新的顶点 D,按 F 键实现 A 到 D、B 到 D、C 到 D 的线段连接,从而形成一个四面体框线的设计。

④ 按 Tab 键返回物体模式,创建得到四面体框线的设计,如图 6-24 所示。

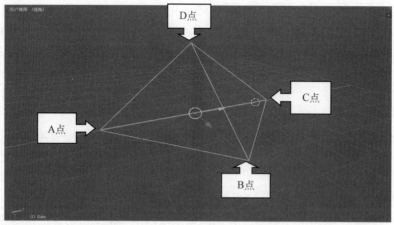

图 6-24　四面体框线设计效果

（3）面是指由无数个点和线构成的三角形区域（三角形）、四边形区域（四边形）或由多个顶点与每一侧的边缘构成的区域。除了上述自动创建顶点和边缘线的方法，如果选择两个以上的顶点，按快捷键 F 将自动填充并创建一个平面，具体绘制过程如下。

① 启动 Blender，按 Tab 键切换至编辑模式，然后按 Delete 键删除默认物体。

② 在 3D 视图编辑器中，按 Ctrl＋鼠标左键或 Ctrl＋Shift＋鼠标左键创建一个新的网格三角形线框造型。

③ 按快捷键 A，选中三角形线框造型。再按快捷键 F 填充三角形面，创建网格面物体造型，如图 6-25 所示。

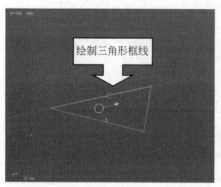
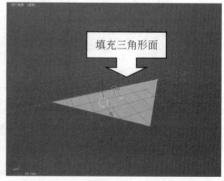

图 6-25　网格物体三角形面设计效果

（4）已经掌握了点、线、面的绘制方法，便可以利用网格物体三角面或四边形对象的表面，创建 3D 网格物体造型，也可以利用挤压命令构造 3D 网格物体，具体过程如下。

① 启动 Blender，按 Tab 键切换至编辑模式，然后按 Delete 键删除默认物体。

② 在图 6-17 所示的工具栏 2 中，选择"添加"→"网格"→"圆环"选项。

③ 在 3D 视图编辑器中，按 Ctrl＋鼠标左键创建一个新的网格物体造型。

④ 在三维空间中，按 Ctrl＋鼠标左键，并沿不同路径拖曳光标，即可创建出 3D 网格物体造型。

⑤ 按 Tab 键返回物体模式（提示：在复制或挤出到 3D 游标状态下），得到 3D 网格物体造型，如图 6-26 所示。

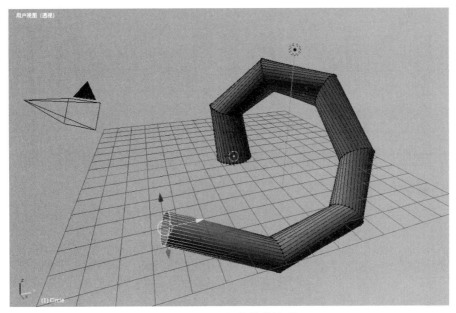

图 6-26　3D 网格物体造型

6.4.2　选择网格物体

Blender 有很多方法来选择 3D 网格物体,选择工具也有多种形式,可以分为菜单选择和快捷键方式选择等。如在编辑模式下,选择"3D 视图菜单"→"网格选择模式"选项,分别单击"顶点""边""面"按钮即可选择网格物体的点、线、面;或按组合键 Ctrl+Tab 同样可以选择网格物体的点、线、面,如图 6-27 所示。

图 6-27　选择网格物体的两种方式

网格选择模式包含顶点、线、面 3 种方式,通过单击顶点、线、面 3 个按钮之一进入不同的模式。顶点,在该模式中顶点被绘制为点;线,即边缘,在该模式下通过两个点绘制一个线段形成边缘线;面,在该模式下面被绘制在由点、线构成的三角面或四边形面上。

在编辑模式下,可以快速选择顶点、边和面,具体操作如下。

(1)启动 Blender,按 Tab 键切换至编辑模式。

(2)按快捷键 Z 将实体模型转换为框线模型。

(3)分别在网格选择模式下,选择顶点、边、面功能。

(4)分别在顶点、边、面功能模式下,按快捷键 Shift+鼠标左键进行多种模式选择,如图 6-28 所示。

若要对一个区域内的要素进行选择,可以按快捷键 B、按快捷键 C 或者按 Ctrl+鼠标

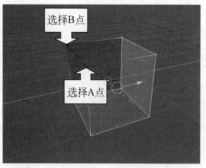
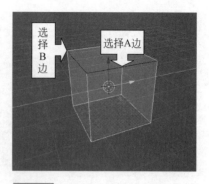

顶点模式下，选择A、B两个点 　　　　　边模式下，选择A、B两条边

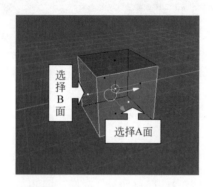

面模式下，选择A、B两个面

图 6-28　多种模式下，快速选择顶点、边、面的设计效果

左键并拖曳光标选取这 3 种方法。它们分别是矩形区域选择、圆形区域选择以及套索区域选择功能。圆形区域选择仅在编辑模式下可用，矩形区域和套索区域选择可在编辑模式和物体模式两种模式下使用。

1. 框选功能

矩形区域选择也称为框选，存在于编辑模式和物体模式中，使用快捷键 B 激活该工具，按住并拖曳鼠标左键绘制一块矩形区域，这时将选择在这个矩形内的所有对象。

在矩形区域边界选择时，边界选择已被激活，并通过显示一个虚线的十字光标作为标志。区域的选择是由鼠标左键绘制一个矩形的选择区域边框。选择区域仅覆盖要选择的物体造型部分，最后通过释放鼠标左键来完成选择。

（1）启动 Blender，按快捷键 X 删除默认物体模型。

（2）选择"工具架"→"创建"→"经纬球体"选项，创建一个经纬球体造型。

（3）按 Tab 键切换至网格编辑模式，按快捷键 A 取消系统默认选择。

（4）按快捷键 B 进入矩形区域边界选择功能，按住鼠标左键并拖曳十字线，对经纬球体进行矩形区域边界选择，如图 6-29 所示。

2. 刷选

网格物体圆形区域选择也称为刷选，此选择工具只存在于编辑模式下，利用快捷键 C 可以激活该功能。在这种模式下，会出现一个由虚线构成的二维圆形区域。圆形区域的

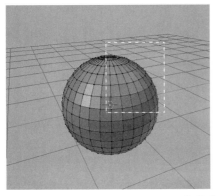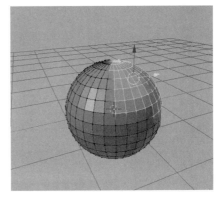

图 6-29　网格物体矩形区域边界选择

面积,可以通过按快捷键 Shift＋－或 Shift＋＝来放大或缩小。利用该圆形区域选择工具,将工作区域中的网格物体进行选择,单击或拖曳鼠标左键,选取相应的区域使圈内这些元素被选中。退出该功能选项工具,单击鼠标右键或按 ESC 键即可。

（1）启动 Blender。

（2）选择"工具架"→"创建"→"圆锥体"选项,创建一个圆锥体造型。

（3）按 Tab 键切换至编辑模式,按快捷键 A 取消系统默认选择。

（4）按快捷键 C 进入圆形区域边界选择功能,单击或拖曳光标左键,将要选择的区域选中,对圆锥体造型进行圆形区域边界选择,如图 6-30 所示。

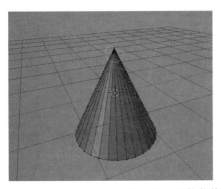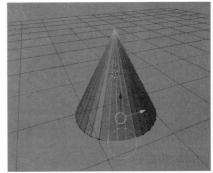

图 6-30　网格物体圆形区域边界选择

3. 套索

网格物体套索区域选择类似于选择基于域对象的选择边框,套索实际上是手工绘制网格物体的区域,通常呈圆形的形式选择。套索可以在编辑模式和物体模式中使用,按住 Ctrl＋鼠标左键并拖曳鼠标进行选取;按住 Ctrl＋Shift＋鼠标左键并拖曳光标即可取消套索区域的选取。

（1）启动 Blender。

（2）选择"工具架"→"创建"→"菱形球体"选项,创建一个菱形球体造型。

（3）按 Tab 键切换至编辑模式,按快捷键 A 取消系统默认选择。

（4）按 Ctrl＋鼠标左键进入套索区域边界选择功能,再按住 Ctrl＋鼠标左键并拖曳光标,将要选择的区域选中,对菱形球体造型进行套索区域边界选择,如图 6-31 所示。

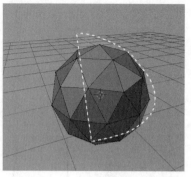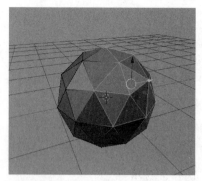

图 6-31　网格物体套索区域选择

6.4.3　顶点工具菜单

网格物体顶点工具菜单,包含合并、断离、补隙断离、扩展顶点、分割、分离、滑动、倒

<table>
<tr><td>合并</td><td>Alt M</td></tr>
<tr><td>断离</td><td>V</td></tr>
<tr><td>补隙断离</td><td>Alt V</td></tr>
<tr><td>扩展顶点</td><td>Alt D</td></tr>
<tr><td>分割</td><td>Y</td></tr>
<tr><td>分离</td><td>P ></td></tr>
<tr><td>Connect Vertex Path</td><td>J</td></tr>
<tr><td>Connect Vertices</td><td></td></tr>
<tr><td>滑动</td><td>Shift V</td></tr>
<tr><td>Mark Sharp Edges</td><td></td></tr>
<tr><td>Clear Sharp Edges</td><td></td></tr>
<tr><td>倒角</td><td>Shift Ctrl B</td></tr>
<tr><td>凸壳</td><td></td></tr>
<tr><td>平滑顶点</td><td></td></tr>
<tr><td>移除重叠点</td><td></td></tr>
<tr><td>从形变混合</td><td></td></tr>
<tr><td>Smooth Vertex Weights</td><td></td></tr>
</table>

图 6-32　网格物体顶
点工具菜单

角、凸壳、平滑顶点、移除重叠点、从形变混合、顶点组以及挂钩等功能。这些工具主要工作在顶点的选择和设计过程中,也可以在边缘或面的选择与设计中使用。网格物体顶点工具菜单如图 6-32 所示。

接下来将对网格物体顶点工具菜单中的一些主要功能进行介绍。

合并。在编辑模式中,选择“网格”→“顶点”→“合并”选项,快捷键为 Alt+M。该工具允许将所有选定的顶点合并到唯一的点上,在模型上选择要合并顶点的位置,利用该工具执行合并顶点功能,具体操作如下。

(1) 启动 Blender,在物体模式中按快捷键 X 删除默认物体。

(2) 在物体模式中,创建一个棱角球,选择“添加”→“网格”→“棱角球”选项,创建一个菱形球体造型。

(3) 按 Tab 键切换到编辑模式,按快捷键 A,取消系统默认选择。

(4) 按快捷键 Ctrl+鼠标左键,利用套索区域选择工具对要合并的顶点进行选择。

(5) 选择“网格”→“顶点”→“合并”选项或按快捷键 Alt+M,进行网格物体顶点合并。网格物体合并顶点前、后的设计效果如图 6-33 所示。

断离,也称为剥离,即将点从所处位置的相邻两个边之间分离开来。适用于点和线的操作,快捷键为 V。在网格物体中,选择一个点,对齐进行剥离操作并向左移动,原来的物体接口的位置会被剥离开来,具体操作如下。

(1) 启动 Blender,在物体模式中对默认的立方网格物体进行剥离设计。

(2) 按 Tab 键,切换到编辑模式,按快捷键 A,取消全选。

(3) 在编辑模式中,按快捷键 Ctrl+鼠标左键,利用套索区域选择工具选择立方体中一个顶点。

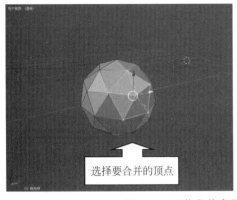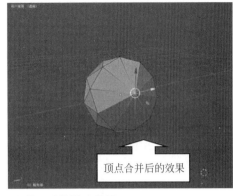

图 6-33 网格物体合并顶点前、后的设计效果

（4）选择"网格"→"顶点"→"断离/剥离"选项或按快捷键 V，按鼠标左键对顶点剥离进行定位，按鼠标右键进行网格物体顶点剥离。网格物体顶点剥离前、后的设计效果如图 6-34 所示。

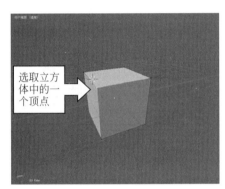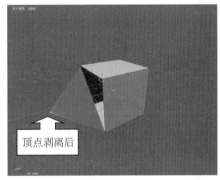

图 6-34 网格物体顶点剥离前、后的设计效果

分割，是将点从所在位置分离出来，效果与剥离类似，但只用于分割面，具体操作如下。

（1）启动 Blender，在物体模式中对默认的立方网格物体进行分割设计。

（2）按 Tab 键，切换到编辑模式，按快捷键 A，取消全选。

（3）在编辑模式中，利用矩形区域边界选择工具选择立方体中一个面，按快捷键 B 再按 Ctrl＋鼠标左键拖曳光标进行选取。

（4）选择"网格"→"顶点"→"分割"选项或按快捷键 Y，按鼠标左键对分割面进行定位，按鼠标右键对所选面进行分割处理。网格物体顶点分割前、后的设计效果如图 6-35 所示。

连接顶点路径，该工具连接网格物体上的点。连接顶点路径，方法是选取一个孤立点接着再选取一个孤立点进行连接。没有连接到任何面的顶点将创建边缘，因此连接顶点路径可以被用来作为一种快速连接孤立的顶点的方法，具体操作如下。

（1）启动 Blender。

（2）按快捷键 Tab，进入编辑模式，按 X 键删除默认物体。

（3）在物体模式中，选择"添加"→"网格"→"经纬球"选项，创建一个经纬球。

（4）按 Tab 键，切换到编辑模式，按快捷键 A，取消全选。

（5）在编辑模式中，选择要连接的顶点路径，按快捷键 Ctrl＋鼠标左键，利用套索区

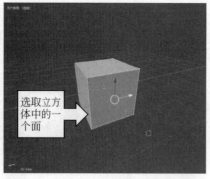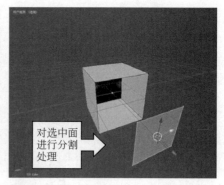

图 6-35　网格物体顶点分割前、后的设计效果

域选择工具选择两个顶点 A 和 B。

（6）选择"网格"→"顶点"→"连接顶点路径"选项或按快捷键 J,进行网格物体顶点路径连接处理。网格物体连接顶点路径设计效果如图 6-36 所示。

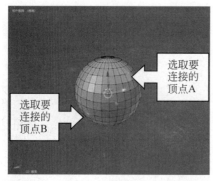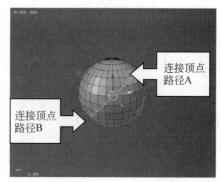

图 6-36　网格物体连接顶点路径设计效果

滑动,表示在网格物体中,沿网格滑动顶点或顶点被平滑移动的功能。快捷键为 Shift＋V,或单击功能按钮,按快捷键 W 完成各项设计功能。

倒角是指为网格物体边缘线进行倒角设计,可以选择"网格"→"顶点"→"倒角"选项或按快捷键 Shift＋Ctrl＋B,具体操作如下。

（1）启动 Blender,在物体模式中对默认的立方网格物体进行倒角设计。

（2）按 Tab 键,切换到编辑模式,按快捷键 A,选择全选。

（3）在编辑模式中,选择"网格"→"顶点"→"倒角"选项或按快捷键 Shift＋Ctrl＋B,按住鼠标左键并左右拖曳光标,这时会显示网格物体的边线被倒角处理。网格物体顶点倒角前、后的设计效果如图 6-37 所示。

凸壳,表示将选中的点包含到凸面体中。

平滑顶点,表示展开所选顶点的夹角。

移除重叠点,是指移除重叠的顶点,表示移除重合点的操作。

形变传导,表示将所选点的坐标应用到其他所有形态键。

顶点组,表示指定到新组,快捷键为 Ctrl＋G。

挂钩,和顶点组类似,用于将一部分点集合起来设置为钩,快捷键为 Ctrl＋H。挂钩的二级菜单包含挂钩到一个新物体、挂钩到选中的物体、挂钩到选中物体的骨架。

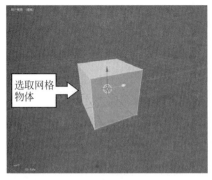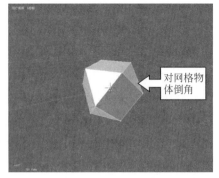

图 6-37　网格物体顶点倒角前、后的设计效果

6.4.4　边线工具菜单

网格物体边线工具菜单包含创建边/面、细分、反细分、边线折痕、倒角边权重、标记缝合边、清除缝合边、标记锐边、清除锐边、标记 Freestyle 边、清除 Freestyle 边、顺时针旋转边、逆时针旋转边、倒角、拆边、桥接多组循环边、滑动边线、循环边、并排边、选择循环线内侧区域以及选择区域轮廓线等,如图 6-38 所示。

接下来对网格物体边缘线工具菜单中的一些主要功能进行介绍。

创建边/面,根据所选对象创建一条边或一个面,快捷键为 F。在基本网格物体上创建新的网格几何物体,具体操作如下。

（1）启动 Blender,在物体模式中按快捷键 X 删除默认物体。

（2）在物体模式中,选择"添加"→"网格"→"棱角球"选项,创建一个棱角球。

图 6-38　网格物体边线
工具菜单

（3）按 Tab 键,切换到编辑模式,按快捷键 A,取消全选。

（4）在编辑模式中,按快捷键 Ctrl+鼠标左键,利用套索区域选择工具选择相应的边/面进行设计。

（5）选择"网格"→"边"→"边/面"选项或按快捷键 F,进行网格物体边/面设计,如图 6-39 所示。

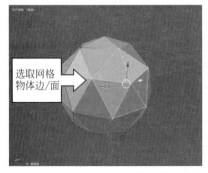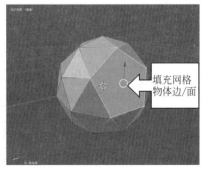

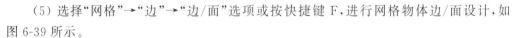

图 6-39　创建边/面设计效果

细分,表示细分所选边线,当选择一条线或者一个面时,执行细分功能操作,每一条线段都会被一分为二。如果这条边刚好处于某个多边形中,则被细分出来的连接点会自动与相邻的点缝合成多边形,具体操作如下。

(1) 启动 Blender,在物体模式中对默认的立方网格物体进行细分设计。

(2) 按 Tab 键,切换到编辑模式,按快捷键 A,取消全选。

(3) 在编辑模式中,选择"网格"→"边"→"细分"选项,即可进行细分操作,其效果如图 6-40 所示。

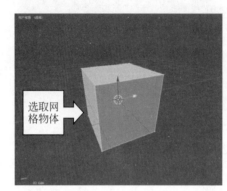

图 6-40　细分设计效果

反细分,如果想取消网格物体细分功能,则可以选取反细分功能。

边线折痕,用于制作硬边效果,设置为褶皱边,快捷键为 Shift+E,具体操作如下。

(1) 启动 Blender,在物体模式中对默认的立方网格物体进行边线折痕设计。

(2) 按 Tab 键,切换到编辑模式,按快捷键 A,取消全选。

(3) 在编辑模式中,选择"网格"→"边"→"细分"选项,进行细分设计。

(4) 选择"网格"→"边"→"边线折痕"选项,即可进行边线折痕操作,其效果如图 6-41 所示。

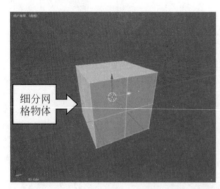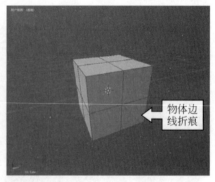

图 6-41　边线折痕设计效果

倒角边权重,是指设置或改变倒角边权重。

标记缝合边,表示将所选边标记为缝合边。

清除缝合边,表示将所选边取消标记为缝合边。

标记锐边,表示将所选边标记为锐边。

清除锐边,表示将所选边取消标记为锐边。

标记 Freestyle 边,表示将所选边标记为 Freestyle 特征边。

清除 Freestyle 边,表示将所选边取消标记为 Freestyle 特征边。

顺时针旋转边,是指顺时针旋转选定的边或邻接面。

逆时针旋转边,是指逆时针旋转选定的边或邻接面。

顺时针旋转边和逆时针旋转边是非常有用的网格拓扑结构调整工具,该工具可以选择的一个明确的边缘,或在两个选定的顶点或两个选定的面隐式地共享它们之间的边缘,具体操作如下。

(1)启动 Blender,在物体模式中按快捷键 X 删除默认物体。

(2)在物体模式中,选择"添加"→"网格"→"栅格"选项,创建一个栅格平面。

(3)按 Tab 键,切换到编辑模式,按快捷键 A,取消全选。

(4)在编辑模式中,按快捷键 Ctrl+鼠标左键,利用套索区域选择工具选择相应的边。

(5)选择"网格"→"边"→"逆时针/顺时针旋转"选项,即可对栅格物体的边线进行旋转操作,其效果如图 6-42 所示。

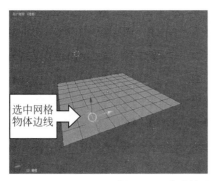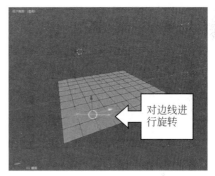

图 6-42 逆时针/顺时针旋转设计效果

倒角,表示对网格物体的边线倒角,快捷键为 Ctrl+B,具体操作如下。

(1)启动 Blender,在物体模式中对默认的立方网格物体进行倒角设计。

(2)按 Tab 键,切换到编辑模式,按快捷键 A 全选。

(3)在编辑模式中,选择"网格"→"边"→"倒角"或按快捷键 Ctrl+B。

(4)按住鼠标左键并拖曳光标左右移动,这时会显示网格物体的边线被倒角处理,如图 6-43 所示。

图 6-43 倒角设计效果

拆边,表示分离选中的边,以便让各相邻的面获得各自的副本。

桥接多组循环边,表示桥接边缘与多个面连接的多个边缘环。利用圆环物体和桥接多组循环边设计 3D 模型的具体操作如下。

(1)启动 Blender,在物体模式中按快捷键 X 删除默认物体。

(2)在物体模式中,选择"添加"→"网格"→"圆环"选项,创建一个大圆环,圆环半径设置为 1.0。

(3)按 Tab 键,切换到编辑模式,按快捷键 A 全选。

(4)在编辑模式中,再创建一个小圆环,设置圆环半径为 0.5,位置调整到上方,按快捷键 A 全选。

(5)在编辑模式中,选择"网格"→"边"→"桥接多组循环边"选项,创建新的 3D 造型,如图 6-44 所示。

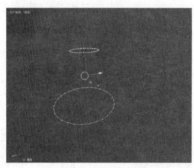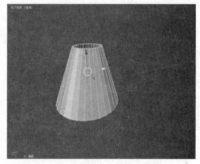

图 6-44 桥接多组循环边设计效果

使用桥接多组循环边工具在面上创建空洞并连接它们,利用网格几何物体经纬球实现 3D 模型的创建工作,具体操作如下。

(1)启动 Blender。

(2)按快捷键 Tab,进入编辑模式,按快捷键 X 删除默认物体。

(3)在物体模式中,选择"添加"→"网格"→"经纬球"选项,创建一个经纬球。

(4)按 Tab 键,切换到编辑模式,按快捷键 A,取消全选。

(5)在编辑模式中,按快捷键 Ctrl+鼠标左键,利用套索区域选项工具在经纬球的中心选择一条线段,再选择"网格"→"边"→"循环边"选项,以选择循环边。

(6)按快捷键 Delete,选择"删除顶点"选项,将经纬球分成两个半球。

(7)在编辑模式中,按 G 键移动上、下两个半球,并选中两个半球的极点区域。

(8)利用套索区域选择工具在球体的中部选择一段顶点边线。再选择"网格"→"边"→"循环边"选项,以选择循环边。

(9)最后,选择"网格"→"边"→"选择循环线内侧区域"选项。按快捷键 Alt+M 或 Backspace 键进行相应操作,如图 6-45 所示。

此外,使用桥接多组循环边工具,还可以检测多个环,并连接它们。

滑动边线,表示沿网格滑动已选择的循环边,具体操作如下。

(1)启动 Blender,在物体模式中,按快捷键 X 删除默认物体。

(2)在物体模式中,选择"添加"→"网格"→"栅格"选项,创建一个栅格平面。

(3)按 Tab 键,切换到编辑模式,按快捷键 A,取消全选。

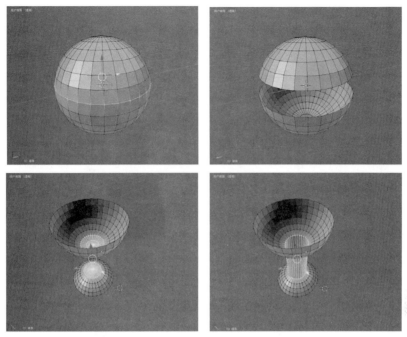

图 6-45　桥接创建空洞多组循环边设计效果

（4）在编辑模式中，按快捷键 Ctrl＋鼠标左键，利用套索区域选择工具选择相应的边。

（5）选择"网格"→"边"→"滑动边线"选项，按住鼠标左键左右拖曳光标，对栅格物体的边线进行滑动设计，如图 6-46 所示。

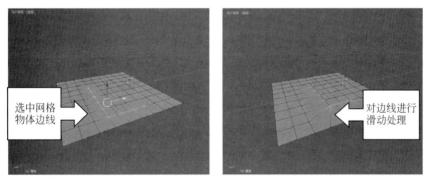

图 6-46　滑动边线设计效果

循环边，即选择一个顶点连接边线段，然后选择循环边线。

并排边，即指定一个顶点连接边线段，选择并排边的边线。

选择循环线内侧区域，表示选择所选循环边所包围的面的区域。

选择区域轮廓线，表示选择所选面积的边界线作为轮廓线。

利用循环边、选择循环线内侧区域工具，以网格物体经纬球为例设计一个循环边和循环线区域，具体操作如下。

（1）启动 Blender。

（2）按 Tab 键，进入编辑模式，按快捷键 X 删除默认物体。

（3）在物体模式中，选择"添加"→"网格"→"经纬球"选项，创建一个经纬球。

（4）按 Tab 键，切换到编辑模式，按快捷键 A，取消全选。

（5）在编辑模式中，选择要连接顶点的线段。按快捷键 Ctrl＋鼠标左键，利用套索区域选择工具在球体的上部选择一段顶点边线。再选择"网格"→"边"→"循环边"选项，以选择循环边。

（6）再次，利用套索区域选择工具在球体的中部选择一段顶点边线。再选择"网格"→"边"→"循环边"选项，以选择循环边。

（7）最后，选择"网格"→"边"→"选择循环线内侧区域"选项，按快捷键 Alt＋M 或删除键进行相应操作，如图 6-47 所示。

图 6-47　选择循环线内侧区域设计效果

利用选择区域轮廓线和并排边工具对一块选择区域进行设计，具体操作如下。

（1）启动 Blender。

（2）按 Tab 键，进入编辑模式，按快捷键 X 删除默认物体。

（3）在物体模式中，选择"添加"→"网格"→"经纬球"选项，创建一个经纬球。

（4）按 Tab 键，切换到编辑模式，按快捷键 A，取消全选。

（5）在编辑模式中，按 Ctrl＋鼠标左键，利用套索区域选择工具在球体的中部选择一块区域。

（6）选择"网格"→"边"→"选择区域轮廓线"选项，以选择区域轮廓线。

（7）选择"网格"→"边"→"并排边"选项，即可进行并排边操作，其效果如图 6-48所示。

图 6-48　并排边设计效果

6.4.5　面工具菜单

面工具菜单包括翻转法线、创建边/面、填充、栅格填充、完美建面、内插面、倒角、生成厚度、交集、线框、标记 Freestyle 面、清除 Freestyle 面、尖分面、面三角化、三角面转四边面、Split by Edges、光滑着色、平直着色、顺时针旋转边、旋转 UV、移除 UV、旋转顶点颜色、反向颜色等，如图 6-49 所示。

接下来将对网格物体面工具功能菜单中包含的主要功能进行介绍。

翻转法线，表示翻转所选面的法线方向，以及顶点的法向方向。利用网格几何立方体造型实现翻转法线设计，具体操作如下。

（1）启动 Blender，在物体模式中对默认的立方网格物体进行法线翻转设计。

（2）按 Tab 键，切换到编辑模式。按快捷键 A，全选。

（3）在编辑模式中，按快捷键 N 显示属性设置，选择"法线显示"→"点/面"选项。

图 6-49　网格物体面工具菜单

（4）在编辑模式中，选择"网格"→"面"→"翻转法线"选项，再按快捷键 Z 即可进行翻转法线操作，其效果如图 6-50 所示。

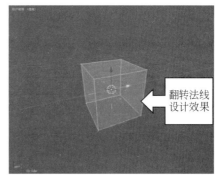

图 6-50　翻转法线功能设计效果

创建边/面，表示根据所选对象创建一条边或一个面，快捷键为 F。在编辑模式中，利用折线段创建边和平面。从一条边到另一条边绘制出直线段，使用填充面工具，填充一个不规则平面，具体操作如下。

（1）启动 Blender。

（2）按快捷键 Tab，进入编辑模式，按快捷键 X 删除默认物体。

（3）按 1 键进入前视图编辑状态，按 Ctrl＋鼠标左键创建连续的折线段进行绘制。

（4）按快捷键 A 全选，再按快捷键 F 进行填充，完成整个折线段构建不规则平面的设计，如图 6-51 所示。

利用网格几何物体立方体造型设计一个内插面，具体操作如下。

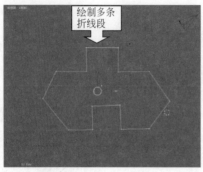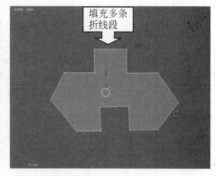

图 6-51　创建边/面功能设计效果

（1）启动 Blender，在物体模式中对默认的立方体网格物体进行内插面设计。

（2）按 Tab 键，切换到编辑模式，按快捷键 A，取消全选。

（3）在编辑模式中，按快捷键 B 框选立方体的一个面，再按快捷键 Z 显示线框模式。

（4）选择"网格"→"面"→"内插面"选项或按快捷键 I，左右移动光标则创建一个内插面，如图 6-52 所示。

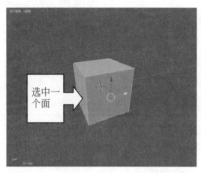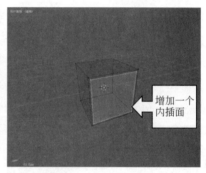

图 6-52　添加内插面设计效果

倒角，表示网格物体造型的边线倒角，快捷键为 Ctrl＋B。

生成厚度，表示通过挤压创建出实体外壳，为平面多边形自动添加厚度并补偿锐角。利用网格几何体模型的一部分，创建具有一定厚度的几何体造型，具体操作如下。

（1）启动 Blender，在物体模式中按快捷键 X 删除默认物体。

（2）在物体模式中，选择"添加"→"网格"→"圆柱体"选项，创建一个圆柱体。

（3）按 Tab 键，切换到编辑模式，按快捷键 A，取消全选。

（4）在编辑模式中，按快捷键 B，利用框选区域选择工具选择相应的边/面进行设计。

（5）按快捷键 Delete，选择"删除顶点"功能。按快捷键 A，选中剩余网格物体模型。

（6）选择"网格"→"面"→"生成厚度"选项，厚度参数设置为 0.1 或 0.5，进行网格物体面生成厚度设计，如图 6-53 所示。

利用边线和生成面的厚度设计复杂网格物体造型，具体操作如下。

（1）启动 Blender，在物体模式中按快捷键 X 删除默认物体。

（2）在物体模式中，选择"添加"→"网格"→"棱角球"选项，创建一个棱角球。

（3）按 Tab 键，切换到编辑模式，按快捷键 A，取消全选。

（4）在编辑模式中，按快捷键 Ctrl＋鼠标左键，利用套索区域选择工具选择相应的

图 6-53 生成厚度设计效果

边/面进行设计,这里是选择 5 条边线。

(5) 按快捷键 Shift+G,即选择"选择相似"→"连接边数量"选项,以选择相似边。

(6) 选择"网格"→"面"→"生成厚度"选项或按快捷键 Ctrl+F,厚度参数设置为 0.1,进行网格物体模型厚度设计,如图 6-54 所示。

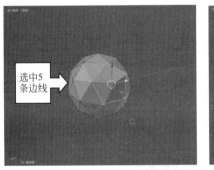
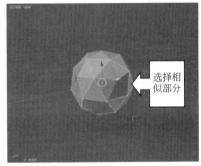

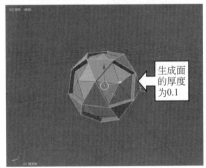

图 6-54 模型厚度设计效果

交集,表示两个网格物体相交时的交集部分被选中或填充。

线框,表示基于面创建的实体框线。

尖分面,是指将面拆分为三角扇面,按快捷键 Alt+P,具体操作如下。

(1) 启动 Blender。

(2) 在物体模式中,默认物体为立方体。

(3) 按 Tab 键,切换到编辑模式,按快捷键 A,全选物体。

(4) 选择"网格"→"面"→"尖分面"选项,进行尖分面设计,如图 6-55 所示。

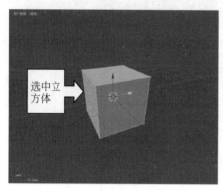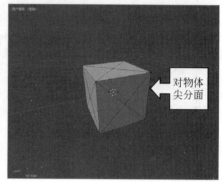

图 6-55 尖分面设计效果

面三角化,表示对选中的面执行三角化处理,快捷键为 Ctrl+T。将物体的四边形网格转换为三角形网格,具体操作如下。

(1) 启动 Blender。

(2) 在物体模式中,默认物体为立方体。

(3) 按 Tab 键,切换到编辑模式,按快捷键 A,全选物体。

(4) 选择"网格"→"边"→"细分"选项,选择细分功能。

(5) 选择"网格"→"面"→"三角化"选项,将四边形分割成为三角形,如图 6-56 所示。

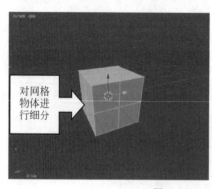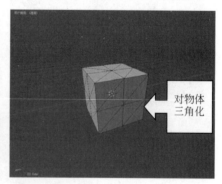

图 6-56 三角化设计效果

三角面转四边面,表示将三角面合并为四边面,快捷键为 Alt+J。

光滑着色,表示平滑多边形表面,使物体显示为光滑表面。利用网格几何物体经纬球和光滑着色功能设计一个光滑表面的网格几何球体,具体操作如下。

(1) 启动 Blender。

(2) 按快捷键 Tab,进入编辑模式,按快捷键 X 删除默认物体。

（3）在物体模式中，选择"添加"→"网格"→"经纬球"选项，创建一个经纬球。

（4）按 Tab 键，切换到编辑模式，按快捷键 A，取消全选。

（5）在编辑模式中，选择"网格"→"面"→"光滑着色"选项，将网格几何球体转换为光滑网格几何球体，如图 6-57 所示。

图 6-57　光滑着色设计效果

平直着色，表示平坦多边形表面，使物体显示为网格多边形表面。

顺时针旋转边，表示旋转选定的边或临接面。利用物体栅格模型和顺时针旋转边功能进行网格设计，具体操作如下。

（1）启动 Blender。

（2）在物体模式中删除默认物体。

（3）选择"添加"→"网格"→"栅格"选项，建立物体模型。

（4）按 Tab 键，切换到编辑模式，按快捷键 A，取消全选。

（5）按快捷键 Ctrl＋鼠标左键，利用套索区域选择工具选择两个平面区域。

（6）选择"网格"→"面"→"顺时针旋转边"选项进行网格设计，如图 6-58 所示。

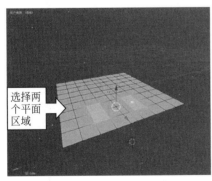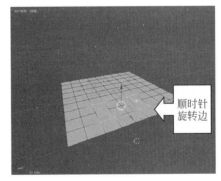

图 6-58　顺时针旋转边设计效果

旋转 UV，表示旋转面内侧的 UV 坐标。

移除 UV，表示翻转面内侧的 UV 坐标方向。

旋转顶点颜色，表示旋转面内侧的顶点颜色。

反向颜色，表示翻转面内侧的顶点颜色。

利用网格物体和编辑工具设计一个三维锤子造型，具体操作如下。

（1）启动 Blender，在物体模式中，默认物体为立方体模型，或选择"添加"→"网格"→

"立方体"选项,创建一个立方体网格物体模型。

（2）按 Tab 键,切换到编辑模式中,按快捷键 A 全选,按快捷键 S 缩小立方体造型。

（3）按快捷键 Ctrl＋Tab 调出网格选择模式菜单,选择"面"模式,然后右击选择立方体的上面。按快捷键 1 切换至前视图。按快捷键 G＋Z 沿 Z 轴上方移动一段距离。

（4）按快捷键 Ctrl＋Tab 显示网格选择模式菜单,选择"点"模式。按快捷键 Ctrl＋R 在长方体水平面上拉出一条环切线,单击一次后,拖曳光标至 Z 轴上方,即可创建网格物体锤子把和锤子头部模型,如图 6-59 所示。

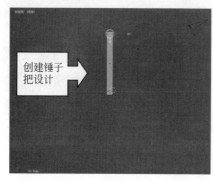

图 6-59　锤子把和锤子头部模型设计效果

（5）接着重新回到"面"模式,分别右击选择侧面的两个面,按 E 键后松开鼠标,然后再按快捷键 S＋Y 分别向 Y 轴负、正方向进行水平缩放操作。

（6）选中锤子头的一个面,选择"网格"→"变换"→"旋转"选项或按快捷键 R＋X,沿 X 轴进行旋转,一个锤子造型就创建完成了,如图 6-60 所示。

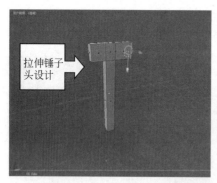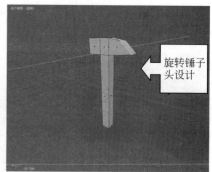

图 6-60　3D 网格物体锤子模型设计效果

6.5　Blender 3D 虚拟仿真案例

下面介绍利用 Bledner LoopTools 工具进行设计的实案,具体步骤如下。

（1）启动 Blender。

（2）在物体模式中删除默认立方体。

（3）在图 6-17 所示的工具栏 2 中,选择"添加"→"网格"→"圆柱体"选项,设置圆柱体尺寸 X＝Y＝Z＝6.0。

（4）按快捷键 Shift＋A，再选择"网格"→"圆柱体"选项，按快捷键 S 对模型进行缩放处理，再按快捷键 S＋Z 对模型在 Z 轴方向进行缩放。按快捷键 R＋Y，使模型旋转一定角度。

（5）按快捷键 Shift＋D，再复制一根筷子，再按快捷键 G 将其移动到适当位置。

（6）创建一个器皿和两双筷子造型如图 6-61 所示。

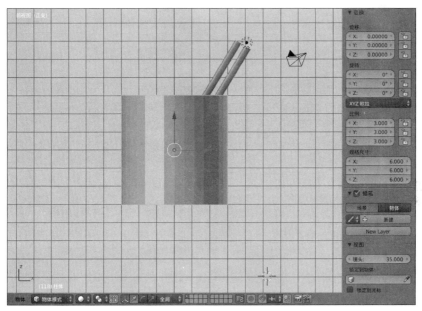

图 6-61　创建一个器皿和两双筷子的造型

（7）在图 6-17 所示的工具栏 1 中，选择"Cycles 渲染"选项。

（8）在图 6-17 所示的工具栏 3 中，选择"动画时间线"→"节点编辑器"选项，单击"新添加材质"按钮，勾选"使用节点"单选按钮，效果如图 6-62 所示。

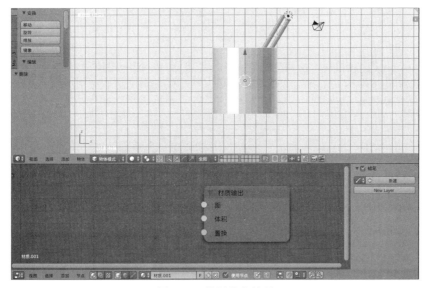

图 6-62　使用节点效果

（9）删除默认材质节点后，按快捷键 Shift＋A，选择"着色器"→"折射 BSDF"选项，添加折射 BSDF 节点，如图 6-63 所示。

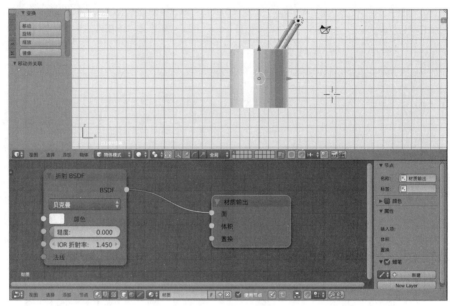

图 6-63　添加折射 BSDF 节点

（10）在 3D 视图编辑器中，按快捷键 Shift＋Z 开始渲染，折射 BSDF 节点最终的渲染效果如图 6-64 所示。

图 6-64　折射 BSDF 节点最终的渲染效果

第7章 VR-X3D虚拟/增强现实开发平台

VR-X3D虚拟/增强现实开发平台是由VR-X3D交互技术与Blender虚拟仿真开发平台构成的,VR-X3D是Web3D联盟国际组织开发的交互设计前沿开发技术,同时,VR-X3D也是一款免费开源的跨平台利用程序编码创建三维动画设计与制作软件。

VR-X3D技术是下一代具有扩充性的三维图形规范和标准,并且延伸了VRML97的功能。VRML/VR-X3D称为虚拟现实建模语言,是唯一一种利用编程技术创建三维立体模型和场景的前沿技术,从VRML97到VR-X3D是三维图形规范的一次重大变革,而最大的改变之处,就是VR-X3D结合了XML和VRML97。VR-X3D将XML的标记式语法定义为三维图形的标准语法,已经完成了VR-X3D的文件格式定义(document type definition,DTD)。目前VR-X3D已成为网络上制作三维立体设计的新宠,同时,Web3D联盟也得到了包括Sun、Sony、Shout3D、Oracle、Philips、3Dlabs、ATI、3Dfx、Autodesk/Discreet、ELSA、Division、MultiGen、Elsa、NASA、Nvidia、France Telecom等多家公司和科研机构的有力支持,因此可以相信VR-X3D虚拟/增强现实技术必将对未来的Web应用产生深远的影响。

VR-X3D技术是互联网3D图形国际通用软件标准,定义了如何在多媒体中整合基于网络传播的交互三维内容。VR-X3D技术可以在不同的硬件设备中使用,并可用于不同的应用领域中,如科学可视化、航空航天模拟、虚拟战场、多媒体再现、教育、娱乐、网页设计、共享虚拟世界等。VR-X3D也致力于建立一个3D图形与多媒体的统一的交换格式。

VR-X3D是VRML的继承。VRML是原来的网络3D图形的ISO标准(ISO/IEC 14772)。VR-X3D标准则是XML标准与3D标准的有机结合,VR-X3D相对于VRML有重大改进,提供了以下新特性:更先进的应用程序界面;新增添的数据编码格式;严格的一致性;组件化结构用来允许模块化的支持标准的各部分。

Blender仿真集成开发环境与VR-X3D交互技术无缝对接,把Blender 3D模型、材质、纹理、动画、物理特效等功能导入VR-X3D交互场景中,极大地提高了VR-X3D交互技术项目开发的效率。VR-X3D虚拟/增强现实开发平台如图7-1所示。

图7-1 VR-X3D虚拟/增强现实开发平台

7.1 VR-X3D 语法概述

本节将介绍 VR-X3D 仿真引擎节点的相关内容。在本节中,head 头文件标签节点、head 标签节点、头文件以及文档头所表示的含义一致;meta 节点、meta 子节点以及 meta 子元素所表示的含义一致。为了方便读者的实际操作,本节后续内容对上述专业词汇不作进一步统一。

VR-X3D 仿真引擎节点是 VR-X3D 仿真引擎文件中最高一级的 XML 节点,包含概貌(profile)、版本(version)、命名空间(xmlns:xsd)等信息。head 头文件标签节点包括组件(component)、元数据(metadata)或任意作者自定的标签。head 标签节点是 VR-X3D 仿真引擎标签的第一个子对象,放在场景的开头。如果想使用指定概貌的集合范围之外的节点,可以在头文件中加入组件语句,用于描述场景之外的其他信息。另外,可以在头文件元素中加入 meta 子元素描述说明,表示文档的作者、说明、创作日期或著作权等的相关信息。场景(scene)节点是包含所有 VR-X3D 仿真引擎场景语法结构的根节点。根据此根节点增加需要的节点和子节点以创建三维立体场景和造型,在每个文件里只允许有一个场景根节点。

VR-X3D 仿真引擎节点设计包括 VR-X3D 仿真引擎节点与场景节点的语法和定义。任何 VR-X3D 仿真引擎场景或造型都由 VR-X3D 仿真引擎节点与场景根节点开始的,在此基础上开发设计软件项目所需要的各种场景和造型。VR-X3D 仿真引擎与 XML 关联术语,VR-X3D 仿真引擎节点(nodes)被表示为 XML 元素(element)。VR-X3D 仿真引擎节点中的域(field)被表示为 XML 中的属性(attributes),例如 name="value"(域名="值")字符串对。

VR-X3D 仿真引擎场景图文件是最高一级的 VR-X3D 仿真引擎/XML 节点。VR-X3D 仿真引擎标签包含一个场景节点,场景节点是三维场景图的根节点,选择或添加一个场景节点可以编辑各种三维立体场景和造型。VR-X3D 仿真引擎节点语法包括域名、域值、域数据类型以及存储/访问类型等,定义如下:

```
<VR-X3D 仿真引擎    域名(属性名)           域值(属性值)         域数据类型
    profile         [Full|
                    Immersive|
                    Interactive|
                    Interchange|
                    Core|
                    MPEG4Interactive]
    version         3.2                    SFString
    xmlns:xsd       http://www.w3d.org/2001/XMLSchema-instance
    xsd:noNamespace
    SchemaLocation http://www.w3d.org/specifications/VR-X3D 仿真引擎-3.2.xsd>
</VR-X3D 仿真引擎>
```

由上可知,VR-X3D 仿真引擎节点包含 profile、version、xmlns:xsd 以及 xsd:noNamespace、SchemaLocation 共 5 个域。其中,profile 包含几个域值:Full、Immersive、Interactive、Interchange、Core、MPEG4Interactive 等,默认值为 Full。

其中,Full 概貌包括 VR-X3D 仿真引擎/2000x 规格中的所有节点;在 Immersive 概貌中加入"GeoSpatial"地理信息支持;Interchange 概貌负责相应的基本场景内核(core)并符合只输出的设计;Interactive 概貌或 MPEG4Interactive 概貌负责相应的 KeySensor 类的交互;Extensibility 扩展概貌负责交互以及脚本、原型、组件的设计等;VRML97 概貌符合 VRML97 规格的向后兼容性。

VR-X3D 仿真引擎版本号 version:即相应的 VR-X3D 仿真引擎版本,表示字符数据,总是使用固定值,是一个单值字符串类型。

xmlns:xsd 表示 XML 命名空间概要定义,其中,xmlns 表示 XML namespace;xsd 表示 Schema Definition。

xsd:noNamespace SchemaLocation 表示 VR-X3D 仿真引擎概要定义的 VR-X3D 仿真引擎文本有效 URL,即 URL(uniform resource locator),称为统一资源定位码(器),是指标有通信协议的字符串(如 HTTP、FTP、GOPHER),通过其基本访问机制的表述来标识资源。

7.1.1 VR-X3D 语法格式

1. 文档格式

VR-X3D 仿真引擎文件是以 UTF-8 编码字符集用 XML 技术编写的文件。每一个 VR-X3D 仿真引擎文件的第一行应该由 XML 的声明语法格式(文档头)表示。

在 VR-X3D 仿真引擎文件中使用的 XML 语法格式声明,示例如下:

```
<?xml version="1.0" encoding="UTF-8"?>
```

接下来对该声明的语法进行说明。

(1)声明从"<?xml"开始,到"?>"结束。

(2)version 属性指明编写文档的 XML 的版本号,该项是必选项,通常设置为"1.0"。

(3)encoding 属性是可选项,表示使用编码字符集。省略该属性时,使用缺省编码字符集,即 Unicode 码,而在 VR-X3D 仿真引擎中使用的是 UTF-8 编码字符集。

UTF-8 的英文全称是 UCS transform format,UCS 是 universal character set 的缩写。UTF-8 字符集包含任何计算机键盘上能够找到的字符,而多数计算机使用的 ASCII 字符集是 UTF-8 字符集的子集,因此使用 UTF-8 书写和阅读 VR-X3D 仿真引擎文件很方便。UTF-8 支持多种语言字符集,由国际标准化组织 ISO 10646-1:1993 标准定义。

2. 文档类型声明

VR-X3D 仿真引擎文档类型声明用来在文档中详细地说明文档信息,必须出现在文档的第一个元素前,文档类型采用 DTD 格式。<!DOCTYPE...>描述用于指定 VR-X3D 仿真引擎文件所采用的 DTD,文档类型声明对于确定一个文档的有效性、良好结构性是非常重要的。VR-X3D 仿真引擎文档类型声明(内部 DTD 的书写格式),示例如下:

```
<!DOCTYPE VR-X3D仿真引擎 PUBLIC "ISO//Web3D//DTD VR-X3D仿真引擎 3.2//EN"
"http://www.web3d.org/specifications/VR-X3D仿真引擎-3.2.dtd">
```

DTD 可分为外部 DTD 和内部 DTD 两种类型,外部 DTD 存放在一个扩展名为 DTD

的独立文件中,内部 DTD 和它描述的 XML 文档存放在一起,XML 文档通过文档类型声明来引用外部 DTD 和定义内部 DTD。内部 DTD 的书写格式如下:

```
<!DOCTYPE 根元素名[内部 DTD 定义...]>
```

外部 DTD 的书写格式如下:

```
<!DOCTYPE 根元素名 SYSTEM DTD 文件的 URI>
```

URI(uniform resource identifier)称为统一资源标识符,泛指所有以字符串标识的资源,其范围涵盖了 URL 和 URN。URL 在上文中已有介绍;URN(uniform resource name)称为统一资源名称,用来标识由专门机构负责的全球唯一的资源。

3. 主程序概貌

主程序概貌涵盖了组件、说明以及场景中的各个节点等信息,用于指定 VR-X3D 仿真引擎文档所采用的概貌属性。概貌中定义了一系列内建节点及其组件的集合,VR-X3D 仿真引擎文档中所使用的节点,必须在指定概貌的集合的范围之内。概貌的属性值可以是 Full、Immersive、Interactive、Interchange、Core 以及 MPEG4Interactive。VR-X3D 仿真引擎主程序概貌(profile)采用如下语法格式:

```
<X3D profile='Immersive' version='3.2'
xmlns:xsd='http://www.w3.org/2001/XMLSchema-instance'
xsd:noNamespaceSchemaLocation='http://www.web3d.org/specifications/VR-X3D-3.2.xsd'>
</X3D>
```

VR-X3D 仿真引擎根文档标签包含概貌信息和概貌验证,其中 XML 概貌和 VR-X3D 仿真引擎命名空间也可以用来执行 XML 概貌验证。主程序概貌包含头文件元素和场景主体,头文件元素又包含组件和说明信息,而场景中可以创建需要的各种节点。头文件元素用于描述场景之外的其他信息,如果想使用指定概貌的集合范围之外的节点,可以在头文件元素中加入组件语句,表示额外使用某组件及支援等级中的节点。如在 Immersive 概貌中加入 GeoSpatial 地理信息支持。另外,可以在头文件元素中加入 meta 子元素描述说明,表示文档的作者、说明、创作日期或著作权等的相关信息。

4. head 标签节点

head 标签节点也称为头文件,包括组件(component)、元数据(metadata)或任意作者自定的标签。head 标签节点是 VR-X3D 仿真引擎标签的第一个子对象,放在场景的开头,在网页 HTML 中与<head>标签匹配。它主要用于描述场景之外的其他信息,如果想使用指定概貌的集合范围之外的节点,可以在头文件中加入组件语句,表示额外使用某组件及支援等级中的节点。另外,可以在头文件元素中加入 meta 子元素描述说明,表示文档的作者、说明、创作日期或著作权等的相关信息。head 标签节点语法定义如下:

```
<head>
    <meta 子元素描述说明 />
        :
    <meta 子元素描述说明/>
</head>
```

5. component 标签节点

component 标签节点指出场景中需要的超出给定 VR-X3D 仿真引擎概貌范围的功

能。component 标签是 head 头文件标签里首选的子标签,即先增加一个 head 头文件标签,然后根据设计需求增加组件。component 标签节点语法定义如下:

```
<component
    name       [Core | CADGeometry |
               CubeMapTexturing | DIS |
               EnvironmentalEffects |
               EnvironmentalSensor |
               EventUtilities |
               Geometry2D | Geometry3D |
               Geospatial | Grouping |
               H-Anim | Interpolation |
               KeyDeviceSensor |
               Lighting | Navigation |
               Networking | NURBS |
               PointingDeviceSensor |
               Rendering | Scripting |
               Shaders | Shape | Sound |
               Text | Texturing |
               Texturing3D | Time]
    level      [1|2|3|4]
/>
```

component 标签节点包含两个域,一个是 name(名字),另一个是 level(支持层级)。

name(名字)域在指定的组件中,即在概貌的 Full 域中涵盖的 Core、CADGeometry、CubeMapTexturing、DIS、EnvironmentalEffects、EnvironmentalSensor、EventUtilities、GeoData、Geometry2D、Geometry3D、Geospatial、Grouping、H-Anim、Interpolation、KeyDeviceSensor、Lighting、Navigation、Networking、NURBS、PointingDeviceSensor、Rendering、Scripting、Shaders、Shape、Sound、Text、Texturing、Texturing3D、Time 等为此组件的名称。

level(支持层级)域表示每一个组件所支持的层级,支持层级一般分 1、2、3、4 这 4 个等级。

6. meta 节点

VR-X3D 仿真引擎 meta 子节点是在头文件节点中,加入 meta 子节点描述说明,表示文档的作者、说明、创作日期或著作权等的相关信息。meta 节点数据为场景提供信息,使用与网页 HTML 的 meta 标签一样的方式,用 attribute=value 进行字符匹配,提供名称和内容属性。VR-X3D 仿真引擎所有节点语法均包括域名、域值、域数据类型以及存储/访问类型等,本书在之后的内容中将不再重复介绍。meta 子节点语法定义如下:

```
<meta      域名(属性名)      域值(属性值)      域数据类型        存储/访问类型
           name            Full            SFString        InputOutput
           content
           xml:lang
           dir            [ltr|rtl]
           http-equiv
           scheme
/>
```

meta 子节点包含 name、content、xml:lang、dir、http-equiv、scheme 等域。

name(名字)域:是一个单值字符串类型,该属性是可选的,在此输入元数据属性的

名称。

content（内容）域：是一个必须提供的属性值，表示节点必须提供该属性值，在此输入元数据的属性值。

xml:lang（语言）域：表示字符数据的语言编码，该属性是可选项。

dir 域：表示从左到右或从右到左的文本的排列方向，可选择［ltr｜rtl］，即 ltr＝left-to-right，rtl＝right-to-left，该属性是可选项。

http-equiv 域：表示 HTTP 服务器可能是用来回应 HTTP headers 的，该属性是可选项。

scheme 域：允许作者提供给用户更多的上下文内容以正确地解释元数据信息，该属性是可选项。

meta 子节点包括 MetadataDouble 节点、MetadataFloat 节点、MetadataInteger 节点、MetadataString 节点，具体内容如下。

1）MetadataDouble 节点

MetadataDouble（双精度浮点数）节点为其父节点提供信息，此 Metadata 节点的更进一步信息可以由附带 containerField＝"metadata"的子 Metadata 节点提供。IS 标签先于任何 Metadata 标签，Metadata 标签先于其他子标签。MetadataDouble 节点语法定义如下：

```
<MetadataDouble
    DEF             ID
    USE             IDREF
    name            SFString        InputOutput
    value           MFDouble        InputOutput
    reference       SFString        InputOutput
    containerField  "metadata"
/>
```

MetadataDouble 节点包含 DEF、USE、name、value、reference 以及 containerField 等域。

DEF（定义节点）域：为节点定义一个名字，给该节点定义了唯一的 ID，在其他节点中就可以引用这个节点，用 DEF 为节点命名时，使用有意义的描述性的名称可以规范文件，以提高文件可读性。

USE（使用节点）域：用来引用 DEF 定义的节点 ID，即引用 DEF 定义的节点名字，同时忽略其他的属性和子对象，使用 USE 来引用其他的节点对象而不是复制节点可以提高性能和编码效率。

name（名字）域：是一个单值字符串类型，访问类型是输入/输出类型，表示该属性是可选的，在此处输入 Metadata 元数据的属性名。

value（值）域：是一个多值双精度浮点类型，表示该属性是可选的，访问类型是输入/输出类型，此处输入 Metadata 元数据的属性值。

reference（参考）域：是一个单值字符串类型，访问类型是输入/输出类型，表示该属性是可选的，作为元数据标准或特定元数据值定义的参考。

containerField（容器域）域：是 field 标签的前缀，表示了子节点和父节点的关系。如果是作为 MetadataSet 元数据集的一部分，则设置 containerField＝"value"；如果只作为父元数据节点自身提供元数据时，则使用缺省值"metadata"。containerField 属性只有在 VR-X3D 仿真引擎场景用 XML 编码时才使用。

2）MetadataFloat 节点

MetadataFloat（单精度浮点数）节点为其父节点提供信息，此 Metadata 节点的更进一步信息可以由附带 containerField＝"metadata"的子 Metadata 节点提供。IS 标签先于任何 Metadata 标签，Metadata 标签先于其他子标签。MetadataFloat 节点语法定义如下：

```
<MetadataFloat
    DEF            ID
    USE            IDREF
    name           SFString       InputOutput
    value          MFFloat        InputOutput
    reference      SFString       InputOutput
    containerField "metadata"
/>
```

MetadataFloat 单精度浮点数节点包含 DEF、USE、name、value、reference 以及 containerField 等域。

value 域：是一个多值单精度浮点类型，表示该属性是可选的，访问类型是输入/输出类型。此处输入 Metadata 元数据的属性值。

MetadataFloat 节点其他"域"的详细说明与 MetadataDouble 节点"域"相同，此处不再赘述。

3）MetadataInteger 节点

MetadataInteger（整数）节点为其父节点提供信息，此 Metadata 节点的更进一步的信息可以由附带 containerField＝"metadata"的子 Metadata 节点提供。IS 标签先于任何 Metadata 标签，Metadata 标签先于其他子标签。MetadataInteger 整数节点语法定义如下：

```
<MetadataInteger
    DEF            ID
    USE            IDREF
    name           SFString       InputOutput
    value          MFInt32        InputOutput
    reference      SFString       InputOutput
    containerField "metadata"
/>
```

MetadataInteger 节点包含 DEF、USE、name、value、reference 以及 containerField 等域。

value 域：是一个多值整数类型，表示该属性是可选的，访问类型是输入/输出类型，此处输入 Metadata 元数据的属性值。

MetadataInteger 节点其他"域"的详细说明与 MetadataDouble 节点"域"相同，此处不再赘述。

4）MetadataString 节点

MetadataString（字符串）节点为其父节点提供信息，此 Metadata 节点的更进一步信息可以由附带 containerField＝"metadata"的子 Metadata 节点提供。IS 标签先于任何

Metadata 标签,Metadata 标签先于其他子标签。MetadataString 节点语法定义如下:

```
<MetadataString
    DEF             ID
    USE             IDREF
    name            SFString        InputOutput
    value           MFString        InputOutput
    reference       SFString        InputOutput
    containerField  "metadata"
/>
```

MetadataString 节点包含 DEF、USE、name、value、reference 以及 containerField 等域。

value 域:是一个多值字符串类型,表示该属性是可选的,访问类型是输入/输出类型,此处输入 Metadata 元数据的属性值。

MetadataString 节点其他"域"的详细说明与 MetadataDouble 节点"域"相同,此处不再赘述。

5) MetadataSet 节点

MetadataSet(数据集)节点集中了一系列附带 containerField="value"的 Metadata 节点,这些子 Metadata 节点共同为其父节点提供信息。此 MetadataSet 节点的更进一步信息可以由附带 containerField="metadata"的子 Metadata 节点提供。IS 标签先于任何 Metadata 标签,Metadata 标签先于其他子标签。MetadataSet 节点语法定义如下:

```
<MetadataSet
    DEF             ID
    USE             IDREF
    name            SFString        InputOutput
    reference       SFString        InputOutput
    containerField  "metadata"
/>
```

MetadataSet 节点包含 DEF、USE、name、reference 以及 containerField 等域。

DEF 域:为节点定义一个名字,给该节点定义了唯一的 ID,在其他节点中就可以引用这个节点,用 DEF 为节点命名时,使用有意义的描述性的名称可以规范文件,以提高文件可读性。

USE 域:用来引用 DEF 定义的节点 ID,即引用 DEF 定义的节点名字,同时忽略其他的属性和子对象,使用 USE 来引用其他的节点对象而不是复制节点可以提高性能和编码效率。

name 域:是一个单值字符串类型,访问类型是输入/输出类型,表示该属性是可选的。在此处输入 Metadata 元数据的属性名。

reference(参考)域:是一个单值字符串类型,访问类型是输入/输出类型,表示该属性是可选的,作为元数据标准或特定元数据值定义的参考。

containerField(容器域)域:是 field 标签的前缀,表示了子节点和父节点的关系。如果是作为 MetadataSet 元数据集的一部分,则设置 containerField="value";如果只作为父元数据节点自身提供元数据时,则使用缺省值"metadata"。containerField 属性只有在 VR-X3D 仿真引擎场景用 XML 编码时才使用。

7.1.2　VR-X3D场景结构

Scene(场景)节点是包含所有VR-X3D仿真引擎场景语法定义的根节点。以此根节点增加需要的节点和子节点以创建场景,在每个文件里只允许有一个Scene根节点。Scene fields体现了Script节点Browser类的功能,浏览器对这个节点fields的支持还在实验阶段。

7.1.3　VR-X3D文件注释

在编写VR-X3D仿真引擎源代码时,为了使源代码结构更合理、更清晰以及层次感更强,经常在源程序中添加注释信息。在VR-X3D仿真引擎文档中允许程序员在源代码中的任何地方进行注释说明,以进一步增加源程序的可读性,使VR-X3D仿真引擎源文件层次清晰、结构合理,以符合软件开发要求。VR-X3D仿真引擎文件注释,在VR-X3D仿真引擎文档中加入注释的方式与XML的语法相同。例如:

```
<Scene>
    <!-- Scene graph nodes are added here -->
</Scene>
```

其中,<!-- Scene graph nodes are added here -->就是一个注释。VR-X3D仿真引擎文件的注释部分,以"<!--"开头,以"-->"结束于该行的末尾,文件注释信息可以是一行,也可以是多行,但不允许嵌套。同时,字符串"--""<"和">"不能出现在注释中。

浏览器在浏览VR-X3D仿真引擎文件时将跳过注释部分的所有内容。另外,浏览器在浏览VR-X3D仿真引擎文件时将自动忽略文件中的所有空格和空行。

一个VR-X3D仿真引擎元数据与结构源程序框架,主要是利用head标签节点、component标签节点、meta子节点、Scene节点以及基础节点等构成。

VR-X3D仿真引擎文件案例源程序框架展示如下:

```
<?xml version="1.0" encoding="UTF-8"?>
<X3D profile='Immersive' version='3.2' >
  <head>
    <meta content=' * enter FileNameWithNoAbbreviations.VR-X3D here * '
        name='title'/>
    <meta content=' * enter description here, short-sentence summaries preferred * '
        name='description'/>
    <meta content=' * enter name of original author here * ' name='creator'/>
    <meta content=' * if manually translating VRML-to-VR-X3D, enter name of person
        translating here * ' name='translator'/>
    <meta content=' * enter date of initial version here * ' name='created'/>
    <meta content=' * enter date of translation here * ' name='translated'/>
    <meta content=' * enter date of latest revision here * ' name='modified'/>
    <meta content=' * enter version here, if any * ' name='version'/>
    <meta content=' * enter reference citation or relative/online url here * '
        name='reference'/>
    <meta content=' * enter additional url/bibliographic reference information here * '
        name='reference'/>
```

```
    <meta content=' * enter reference resource here if required to support function,
        delivery, or coherence of content * ' name='requires'/>
    <meta content=' * enter copyright information here * Example: Copyright(c) Web3D
        Consortium Inc. 2018' name='rights'/>
    <meta content=' * enter drawing filename/url here * ' name='drawing'/>
    <meta content=' * enter image filename/url here * ' name='image'/>
    <meta content=' * enter movie filename/url here * ' name='MovingImage'/>
    <meta content=' * enter photo filename/url here * ' name='photo'/>
    <meta content=' * enter subject keywords here * ' name='subject'/>
    <meta content=' * enter permission statements or url here * ' name='accessRights'/>
    <meta content=' * insert any known warnings, bugs or errors here * ' name='warning'/>
    <meta content=' * enter online Uniform Resource Identifier (URI) or Uniform
        Resource Locator (URL) address for this file here * ' name='identifier'/>
    <meta content='VR-X3D-Edit, https://savage.nps.edu/VR-X3D-Edit'
        name='generator'/>
    <meta content='../../license.html' name='license'/>
</head>
<Scene>
    <!-- Scene graph nodes are added here -->
</Scene>
</X3D>
```

7.2 VR-X3D 基础建模语法剖析

VR-X3D 基础建模开发设计是通过基本 3D 节点语法的学习，利用 Blender 虚拟仿真开发平台与 VR-X3D 仿真引擎来编写程序，创建基本的 3D 模型，如球体、立方体、圆锥体以及圆柱体等。使用户可以初步掌握 VR-X3D 基础编程建模的开发和设计思路。

VR-X3D 基础建模开发设计包含对 VR-X3D 球体、VR-X3D 圆锥体、VR-X3D 立方体、VR-X3D 圆柱体、VR-X3D 文本等进行分类和设计。VR-X3D 基础建模语法剖析主要针对 VR-X3D 球体、VR-X3D 圆锥体、VR-X3D 立方体、VR-X3D 圆柱体以及 VR-X3D 文本等语法进行详细的剖析和案例设计，如图 7-2 所示。

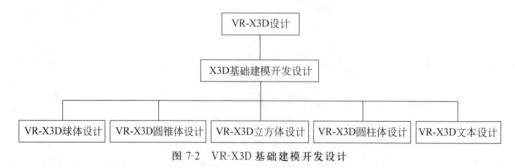

图 7-2 VR-X3D 基础建模开发设计

VR-X3D 基础建模任务分析指对基本基础体进行分析设计，分解为球体、圆柱体、立方体、椭球体以及圆锥体 5 个子任务。再根据 5 个子任务分别通过设置半径创建一个球体；设置底面半径和高确定一个圆柱体；设置长、宽、高创建一个立方体；设置底面半径和高确定一个圆锥体等。

7.2.1　VR-X3D 基础节点

1. Shape 节点

Shape(模型)节点设计是指在 VR-X3D 文件中根场景节点的基础上,选择或添加一个 Shape 节点或其他节点来编辑各种三维立体场景和造型。在 Shape 节点中包含两个子节点,分别为 Appearance(外观)节点与 Geometry(基础造型)节点。Appearance 子节点定义了物体造型的外观,包括纹理映像、纹理坐标变换以及外观的材料节点等;Geometry 子节点定义了立体空间物体的基础造型,如 Shape 节点、Box 节点、Cone 节点和 Cylinder 节点等。Shape 节点是 VR-X3D 虚拟现实的内核节点,在 VR-X3D 基础建模开发设计中显得尤为重要。Shape 节点语法定义如下:

```
<Shape
    DEF             ID
    USE             IDREF
    bboxCenter      0 0 0        SFVec3f      initializeOnly
    bboxSize        -1 -1 -1     SFVec3f      initializeOnly
    containerField  children
    class
/>
```

2. Sphere 节点

Sphere(球体)节点语法定义了一个三维立体球体的属性和域值,通过对 Sphere 节点的域名、域值、域的数据类型以及事件的存储访问权限的定义来描述一个三维立体空间球体造型。主要利用球体半径(radius)和实心(solid)参数创建(设置)VR-X3D 虚拟现实球体造型。Sphere 节点语法定义如下:

```
<Sphere
    DEF             ID
    USE             IDREF
    radius          1            SFFloat      initializeOnly
    solid           true         SFBool       initializeOnly
    containerField  geometry
    class
/>
```

3. Box 节点

Box(立方体)节点语法定义了一个三维空间立方体造型的属性名、域值、域数据类型以及存储和访问类型,通过 Box 节点的域名、域值等来描述一个三维空间立方体造型。主要利用立方体尺寸(size)(即分别定义立方体的长、高、宽)和 solid 参数创建 VR-X3D 虚拟现实立方体造型。Box 节点语法定义如下:

```
<Box
    DEF             ID
    USE             IDREF
    size            2 2 2        SFVec3f      initializeOnly
    solid           true         SFBool       initializeOnly
    containerField  geometry
    class
/>
```

4. Cone 节点

Cone(圆锥体)节点语法定义了一个三维立体空间圆锥体造型的属性名和域值,利用对 Cone 节点的域名、域值、域的数据类型以及事件的存储访问权限的定义来创建一个三维立体空间圆锥体造型。主要使用 Cone 节点中的高度(height)、底面半径(bottomRadius)、侧面(side)、底面(bottom)以及实心(solid)参数创建 VR-X3D 虚拟现实圆锥体造型。Cone 节点语法定义如下:

```
<Cone
    DEF             ID
    USE             IDREF
    height          2           SFFloat     initializeOnly
    bottomRadius    1           SFFloat     initializeOnly
    side            true        SFBool      initializeOnly
    bottom          true        SFBool      initializeOnly
    solid           true        SFBool      initializeOnly
    containerField  geometry
    class
/>
```

5. Cylinder 节点

Cylinder(圆柱体)节点语法定义了一个三维立体空间圆柱体造型的属性名和域值,利用对 Cylinder 节点的域名、域值、域的数据类型以及事件的存储访问权限的定义来创建一个三维立体空间圆柱体造型。主要利用 Cylinder 节点中的高度(height)、圆柱底面半径(radius)、侧面(side)、底面(bottom)以及实心(solid)等参数创建 VR-X3D 虚拟现实圆柱体造型。Cylinder 节点语法定义如下:

```
<Cylinder
    DEF             ID
    USE             IDREF
    height          2           SFFloat     initializeOnly
    radius          1           SFFloat     initializeOnly
    top             true        SFBool      initializeOnly
    side            true        SFBool      initializeOnly
    bottom          true        SFBool      initializeOnly
    solid           true        SFBool      initializeOnly
    containerField  geometry
    class
/>
```

7.2.2　VR-X3D 文本节点

1. Text 节点

Text(文本造型)节点语法定义了一个三维立体空间文本造型的属性名和域值,利用对 Text 节点的域名、域值、域的数据类型以及事件的存储访问权限的定义来创建一个三维立体空间文本造型。主要利用 Text 文本造型节点中的文本内容(string)、文本长度(length)、文本最大有效长度(maxExtent)以及实心(solid)等参数设置创建 VR-X3D 虚拟现实三维立体文本造型。Text 节点语法定义如下:

```
<Text
    DEF            ID
    USE            IDREF
    string                         MFString         inputOutput
    length                         MFFloat          inputOutput
    maxExtent      0.0             SFFloat          inputOutput
    solid          true            SFBool           initializeOnly
    lineBounds                     FVec2f           outputOnly
    textBounds                     SFVec2f          outputOnly
    containerField geometry
    class
/>
```

2. FontStyle 节点

FontStyle(文本外观)节点语法定义了一个三维立体空间文本外观的属性名和域值,利用对 FontStyle 节点的域名、域值、域的数据类型以及事件的存储访问权限的定义来创建一个效果更加理想的三维立体空间文字造型。主要利用 FontStyle 节点中的 family(字体)、style(文本风格)、justify(对齐方式)、size(文字大小)、spacing(文字间距)、language(语言)、horizontal(水平参数)等参数设置 VR-X3D 虚拟现实三维立体文本外观造型。FontStyle 节点语法定义如下:

```
<FontStyle
    DEF            ID
    USE            IDREF
    family         SERIF           MFString         initializeOnly
    style          "PLAIN"
                   [PLAIN|BOLD|ITALIC|
                   BOLDITALIC]     SFString         initializeOnly
    justify        BEGIN           MFString         initializeOnly
    size           1.0             SFFloat          initializeOnly
    spacing        1.0             SFFloat          initializeOnly
    language                       SFString
    horizontal     true            SFBool           initializeOnly
    leftToRight    true            SFBool           initializeOnly
    topToBottom    true            SFBool           initializeOnly
    containerField fontStyle
    class
/>
```

7.3　VR-X3D 基础建模开发

7.3.1　VR-X3D 几何建模设计

1. 球体造型设计

VR-X3D 虚拟现实球体造型设计以简单的 VR-X3D 虚拟现实球体,利用集成开发环境快速建模于设计。下载 VR-Blender 虚拟仿真引擎集成开发环境,安装并运行该程序。

启动 VR-Blender 2.78,按快捷键 Delete 删除默认立方体。在 3D 视图编辑器中,按组合键 Shift＋A,并选择"网格"→"经纬球体"选项,创建一个球体造型。按快捷键 N 显示属性,调整球体半径为 3.5。创建的球体造型如图 7-3 所示。

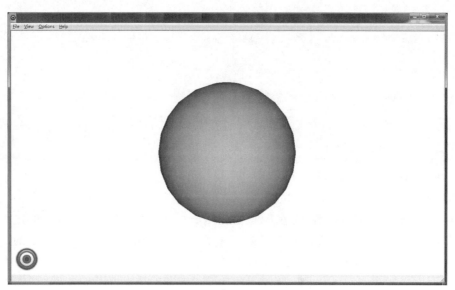

图 7-3　创建的球体造型

在本书附赠的数字资源中,提供了球体造型设计实验文件 px3d7-1.X3D,具体操作如案例 7-1 所示。

【**案例 7-1**】　利用 Shape 节点、Background(背景)节点、Sphere 节点、Transform(坐标变换)节点等在三维立体空间背景下,创建一个真实的 3D 球体造型。

第一步:在 Scene 节点中,插入 Background 节点。

第二步:在 Background 节点下,添加 Transform 节点。

第三步:在 Transform 节点中,插入 Shape 节点。

第四步:在 Shape 节点中,添加 Appearance 外观节点和 Sphere 节点。

实验文件 px3d7-1.X3D 的"源代码"展示如下:

```
<Scene>
    <Background DEF="_1" skyColor='1 1 1'>
    </Background>
    <Transform DEF="_4" translation='0 0 -5'>
        <Shape DEF="_5">
            <Appearance DEF="_6">
                <Material DEF="_7">
                </Material>
            </Appearance>
            <Sphere DEF="_8" radius='3.5'>
            </Sphere>
        </Shape>
    </Transform>
    </Scene>
</VR-X3D>
```

2. 圆锥体造型设计

首先启动 Blender,按快捷键 Delete 删除默认立方体。在 3D 视图编辑器中,按组合键 Shift+A,并选择"网格"→"圆锥体"选项,创建一个圆锥体造型。调整圆锥体高为 12;

圆锥体底面半径为6。调整圆锥体的颜色,在右侧的场景工具按钮中,选择"新建"→"材质"→"漫反射颜色"→"红色"选项。创建的红色圆锥体造型如图7-4所示。

图7-4　创建的红色圆锥体造型

在本书附赠的数字资源中,提供了圆锥体造型设计实验px3d7-2.X3D,具体操作如案例7-2所示。

【案例7-2】　利用Shape节点、Background节点、Cone节点、Transform节点等在三维立体空间背景下,创建一个红色的3D圆锥体造型。

第一至三步:同案例7-1。

第四步:在Shape节点中,添加Appearance节点和Cone节点。

第五步:在Appearance节点中,插入Material(材质)节点,设置diffuseColor='1 0 0.03921569',表示颜色为红色。

实验文件px3d7-2.X3D的源代码展示如下:

```
<Scene>
    <Background DEF="_1" skyColor='1 1 1'>
    </Background>
    <Transform DEF="_4" translation='0 0 -12'>
        <Shape DEF="_5">
            <Appearance DEF="_6">
                <Material DEF="_7" diffuseColor='1 0 0.03921569'>
                </Material>
            </Appearance>
            <Cone DEF="_8" bottomRadius='6' height='12'>
            </Cone>
        </Shape>
    </Transform>
</Scene>
```

3. 圆柱体造型设计

首先启动Blender,按快捷键Delete删除默认立方体。在3D视图编辑器中,按组合键Shift+A,并选择"网格"→"圆柱体"选项,创建一个圆柱体造型。调整圆柱体高为12;

圆柱体底面半径为 6。调整圆柱体的颜色,在右侧的场景工具按钮中,选择"新建"→"材质"→"漫反射颜色"→"蓝色"选项。创建的蓝色圆柱体造型如图 7-5 所示。

图 7-5　创建的蓝色圆柱体造型

在本书附赠的数字资源中,提供了圆柱体造型设计实验文件 px3d7-3.X3D,具体操作如案例 7-3 所示。

【案例 7-3】　利用 Shape 节点、Background 节点、Cylinder 节点、Transform 节点等,设置白色的三维立体空间背景,创建一个蓝色的 3D 圆柱体造型。

第一至三步:同案例 7-1。

第四步:在 Shape 节点中,添加 Appearance 节点和 Cylinder 节点。

第五步:在 Appearance 节点中,插入 Material 节点,设置 diffuseColor='0 0 1',表示颜色为蓝色。

实验文件 px3d7-3.X3D 的源代码展示如下:

```
<Scene>
    <Background DEF="_1" skyColor='1 1 1'>
    </Background>
    <Transform DEF="_4" translation='0 0 -15'>
        <Shape DEF="_5">
            <Appearance DEF="_6">
                <Material DEF="_7" diffuseColor='0 0 1'>
                </Material>
            </Appearance>
            <Cylinder DEF="_8" height='12' radius='5'>
            </Cylinder>
        </Shape>
    </Transform>
</Scene>
```

7.3.2　VR-X3D 材质纹理建模

启动 Blender,显示默认立方体,在 3D 视图编辑器中,按快捷键 N 设置立方体的宽、

高、深参数为 X＝10、Y＝10、Z＝10。然后进行纹理贴图,在右侧的场景工具按钮中,选择
"新建"→"材质"选项,再选择"纹理"→"新建"→"打开文件"选项。设置映射坐标为物
体;映射物体为 Cube;投影方式为立方体。按快捷键 Shift＋Z 渲染设计效果。创建的立
方体纹理造型如图 7-6 所示。

图 7-6　创建的立方体纹理造型

本书附赠的数字资源中,提供了立方体纹理造型设计实验文件 px3d7-4.X3D,具体操
作如案例 7-4 所示。

【案例 7-4】　利用 Shape 节点、Background 节点、Box 节点、ImageTexture(图像纹理)以
及 Transform 节点等,设置白色的三维立体空间背景,创建一个 3D 立方体纹理造型。

第一至三步:同案例 7-1。

第四步:在 Shape 节点中,添加 Appearance 节点和 Box 节点。

第五步:在 Appearance 节点中,插入 ImageTexture 节点。

实验文件 px3d7-4.X3D 的源代码展示如下:

```
<Scene>
    <Background DEF="_1" skyColor='1 1 1'>
    </Background>
    <Transform DEF="_4" translation='-2.149768 4 -2.112515'>
        <Shape DEF="_5" translation='0 0 -10'>
            <Appearance DEF="_6">
                <Material DEF="_7">
                </Material>
                <!--设置立方体图像纹理 url='"IMG_0232.jpg"'-->
                <ImageTexture DEF="_8" url='"IMG_0232.jpg"'>
                </ImageTexture>
            </Appearance>
            <Box DEF="_9" size='12 10 12'>
            </Box>
        </Shape>
    </Transform>
</Scene>
```

7.4 VR-X3D 基础开发与设计综合案例

1. VR-X3D 场景切换交互

Anchor 锚节点是一个可以包含其他节点的组节点,利用 Anchor 节点可以实现三维立体空间场景之间的动态调用。当单击这个组节点中的任一个几何对象时,浏览器便读取 url 域指定的调用内容,可以在两个场景中实现场景的相互调用。

场景切换交互设计案例的开发与设计步骤如下。

第一步:在 Scene 节点中,插入 Background 节点。

第二步:导入汉字文字造型。

第三步:使用 Anchor 节点对场景进行设置与调用。

第四步:导入相框 3D 模型。

第五步:相框图像纹理绘制。

下载安装并启动 BS Content Studio 集成开发环境,运行场景切换交互设计案例场景,将鼠标指针移动到相框和图像上,单击可以切换至另外一个虚拟仿真场景,如图 7-7所示。

图 7-7 场景切换交互设计案例

本书附赠的数字资源中,提供了场景切换交互设计实验文件 px3d7-5.X3D 和 px3d7-5-1.X3D,具体操作如案例 7-5 所示。

【案例 7-5】 利用 Shape 节点、Appearance 节点、Material 节点、Transform 节点、Anchor 节点以及基本几何节点在三维立体空间背景下,创建一个动态交互调用场景。

Anchor 节点三维立体场景设计实验文件 px3d7-5.X3D 的源代码展示如下:

```
<Scene>
<!-- Scene graph nodes are added here -->
```

```
        <Background skyColor="1 1 1"/>
<!--导入汉字文字造型设计 -->
<Transform translation='0.25 3 -0.1' rotation='0 1 0 3.141'>
            <Inline url='VR-X3D-VR-AR-Scene.VR-X3D'/>
        </Transform>
<!--锚节点场景设置与调用设计 -->
        <Anchor description='main call pVR-X3D5-5-1.VR-X3D' url='"pVR-X3D7-5-1.VR-X3D"'>
        <Transform translation='0 -0.5 2'>
<!--导入相框 3D 模型设计 -->
            <Transform rotation='0 0 1 0' scale='0.02 0.02 0.02' translation='1 1 -0.5'>
                <Inline url='phuakuang.VR-X3D' />
            </Transform>
<!--相框图像纹理绘制设计 -->
            <Transform translation='0.25 -0.05 -0.1'>
                <Shape>
                    <Appearance>
                        <Material />
                        <ImageTexture url='13692.jpg' />
                    </Appearance>
                    <Box size='6.2 4.7 0.01' />
                </Shape>
            </Transform>
            <Transform translation='0 -2 0'>
                <Shape>
                    <Appearance>
                        <Material ambientIntensity='0.4' diffuseColor='1 0 0'
                            shininess='0.2' specularColor='1 0 0 ' />
                    </Appearance>
                    <Sphere radius='0.2' />
                </Shape>
            </Transform>
        </Transform>
        </Anchor>
</Scene>
```

当单击图 7-7 中的相框和图像时,则运行 Anchor 节点创建一个动态交互的三维立体空间场景调用过程。利用 Anchor 节点调用子程序的运行结果,如图 7-8 所示。在该子程序场景中,再次单击"金黄色球体",则返回主控程序场景中。

图 7-8　利用 Anchor 节点调用子程序的运行结果

被调用子程序的实验文件 px3d7-5-1.X3D 的源代码展示如下：

```
<Scene>
<!-- Scene graph nodes are added here -->
    <!-- 锚节点场景设置与调用设计 -->
        <Anchor description="return main program" url="pVR-X3D7-5.VR-X3D">
    <!-- 背景节点设计,设置 6 个纹理图像绘制设计 -->
        <Background leftUrl='"13691.jpg"' rightUrl='"13692.jpg"'
            frontUrl='"13693.jpg"' backUrl='"P3691.jpg"'
            topUrl='"blue.jpg"' bottomUrl='"GRASS.JPG"'/>
    <!-- 一个几何球体 3D 模型设计 -->
        <Shape>
            <Appearance>
                <Material ambientIntensity='0.2' diffuseColor='0.6 0.5 0.2'
                    emissiveColor='0.7 0.4 0.2' shininess='0.3'
                    specularColor='0.8 0.6 0.2' transparency='0.0'>
                </Material>
            </Appearance>
            <Sphere containerField="geometry" radius='1.0'>
            </Sphere>
        </Shape>
    </Anchor>
</Scene>
```

2. 卡通 3D QQ

在 VR-X3D 开发与设计场景中,如果有多个造型存在且不进行移动处理,则这些造型将在坐标原点重合,这是设计者不希望的。Transform(坐标变换)节点可以实现立体空间物体造型的移动、旋转、缩放和定位以及在三维立体坐标系的坐标轴上任意地移动和定位效果。使用 Transform 节点,可以实现 VR-X3D 场景中各个造型的有机结合,达到设计者理想效果。

VR-X3D 虚拟现实卡通 3D QQ 造型设计案例的开发与设计步骤如下。

第一步：启动 BS Content Studio 集成开发环境。

第二步：在主菜单中,单击 Node List View(节点列表视图)按钮,选择 Standard→Primitivers→Sphere Primitive 选项,创建一个球体造型,调整球体半径、坐标定位、缩放以及旋转角,将卡通 3D QQ 造型的头部、身体、四肢创建出来,并添加相应的色彩。

第三步：选择 Node List View→Standard→Primitivers→Cylinder Primitive 选项,创建一个圆柱体造型,调整圆柱体半径、坐标定位、缩放以及旋转角,创建卡通 3D QQ 造型的颈部,将颜色调整为红色。

第四步：选择 Node List View→Standard→Primitivers→Rectangle Primitive 选项,创建一个红色矩形造型与圆柱体相连。

在本书附赠的数字资源中,提供了卡通 3D QQ 造型设计实验文件 px3d7-6.X3D,具体操作如案例 7-6 所示。

【案例 7-6】 利用 Transform 节点、Shape 节点、Background 节点以及基本几何节点等在三维立体空间背景下,创建一个卡通 3D QQ 造型。

实验文件 px3d7-6.X3D 的源代码展示如下：

```
<Scene>
    <Background DEF="_Background" skyColor="0.98 0.98 0.98"/>
    <!-- 信息化节点和导航节点设计 -->
    <WorldInfo DEF="_2">
    </WorldInfo>
    <NavigationInfo DEF="_3" type='"EXAMINE","ANY"'>
    </NavigationInfo>
    <!-- -->
    <Transform DEF="_12" scale='1 0.979935 0.9430246' translation='0 -0.25 0'>
        <Shape DEF="_13">
            <Appearance DEF="_14">
                <Material DEF="_15" diffuseColor='1 1 1'>
                </Material>
            </Appearance>
            <Sphere DEF="_16">
            </Sphere>
        </Shape>
    </Transform>
    <Transform DEF="_17" scale='0.9336199 0.919807 0.8758318' translation='0 0.7595687 0'>
        <Shape DEF="_18">
            <Appearance DEF="_19">
                <Material DEF="_20" diffuseColor='0 0 0'>
                </Material>
            </Appearance>
            <Sphere DEF="_21" radius='0.9'>
            </Sphere>
        </Shape>
    </Transform>
    <Transform DEF="_22" rotation='0 -1 0 1.087341' scale='1.273603 1.051332 2.27071'
        translation='-0.5800716 -1.160632 0.1823755'>
        <Shape DEF="_23">
            <Appearance DEF="_24">
                <Material DEF="_25" diffuseColor='1 0.8352941 0'>
                </Material>
            </Appearance>
            <Sphere DEF="_26" radius='0.2'>
            </Sphere>
        </Shape>
    </Transform>
    <Transform DEF="_27" rotation='0 1 0 1.172734' scale='1.181516 0.9508561 2.430656'
        translation='0.5516598 -1.15837 0.1654074'>
        <Shape DEF="_28">
            <Appearance DEF="_29">
                <Material DEF="_30" diffuseColor='1 0.8509804 0'>
                </Material>
            </Appearance>
            <Sphere DEF="_31" radius='0.2'>
            </Sphere>
        </Shape>
        <Transform DEF="_32" rotation='-1 0 0 0.448' scale='0.2134386 0.2215524
            0.2215524' translation='1.322478e-006 1.586354 0.2987285'>
        </Transform>
    </Transform>
    <Transform DEF="_33" scale='0.1272796 0.1926672 0.049989' translation='0.2093166
        0.7918138 0.818999'>
        <Transform DEF="_34" scale='1.048748 0.9878734 1' translation='-2.33263
            0 -0.09000778'>
```

```
        <Transform DEF="_35" rotation='0 0 1 0' translation='-0.4208107 0
            -0.8393755'>
            <Shape DEF="_36">
                <Appearance DEF="_37">
                    <Material DEF="_38" diffuseColor='1 1 1'>
                    </Material>
                </Appearance>
                <Sphere DEF="_39">
                </Sphere>
            </Shape>
        </Transform>
        <Transform DEF="_40" translation='-6.379266 0 -0.7194748'>
        </Transform>
        <Transform DEF="_41" rotation='0 0 1 0' scale='1 1 1'
            translation='-14.40111 0 -0.7194748'>
        </Transform>
    </Transform>
    <Transform DEF="_42" scale='1.00802 1 1' translation='-0.2667397 0 -1.179921'>
        <Shape DEF="_43">
            <Appearance DEF="_44">
                <Material DEF="_45" diffuseColor='1 1 1'>
                </Material>
            </Appearance>
            <Sphere DEF="_46">
            </Sphere>
        </Shape>
    </Transform>
    </Transform>
    </Scene>
</VR-X3D>
```

至此,完成了卡通 3D QQ 造型的头部、身体、眼睛、腿部模型设计,如图 7-9 所示。

图 7-9　卡通 3D QQ 造型主体设计

卡通 3D QQ 造型的其他部分,如嘴、翅膀、眼球、围巾等造型设计的源代码展示如下:

```
<Transform DEF="_49" rotation='1 0 0 0.1302125' scale='0.9712724 0.1091001 0.9344133'
translation='0.005978299 0.3885307 0.02524016'>
    <Shape DEF="_50">
        <Appearance DEF="_51">
            <Material DEF="_52" diffuseColor='0.8 0 0.01176471'>
            </Material>
        </Appearance>
        <Cylinder DEF="_53" radius='0.85'>
        </Cylinder>
    </Shape>
</Transform>
<Transform DEF="_54" scale='1 1.205935 1' translation='-0.1095254 0.767837 0.7604926'>
    <Shape DEF="_55">
        <Appearance DEF="_56">
            <Material DEF="_57" diffuseColor='0 0 0'>
            </Material>
        </Appearance>
        <Sphere DEF="_58" radius='0.08'>
        </Sphere>
    </Shape>
</Transform>
<Transform DEF="_59" rotation='1 0 0 0.8068386' scale='0.07399157 0.0862591 0.03153834'
translation='0.1635355 0.7311262 0.7637297'>
    <Shape DEF="_60">
        <Appearance DEF="_61">
            <Material DEF="_62" diffuseColor='0 0 0'>
            </Material>
        </Appearance>
        <Sphere DEF="_63">
        </Sphere>
    </Shape>
</Transform>
<Transform DEF="_64" rotation='-0.7937914 -0.5967279 0.1175205 0.4863839' scale='0.
1243597 0.4010295 0.9948069' translation='-0.2882672 -0.07965744 0.9216749'>
    <Shape DEF="_65">
        <Appearance DEF="_66">
            <Material DEF="_67" diffuseColor='0.8 0 0.01176471'>
            </Material>
        </Appearance>
        <Rectangle DEF="_68">
        </Rectangle>
    </Shape>
</Transform>
<Transform DEF="_69" rotation='0 0 -1 0.9374377' scale='0.4587172 0.1671703 0.2369523'
translation='1.026341 -0.05473331 0.3174603'>
    <Transform DEF="_70" translation='-0.0672977 -0.5386481 0'>
        <Shape DEF="_71">
            <Appearance DEF="_72">
                <Material DEF="_73" diffuseColor='0 0 0'>
                </Material>
            </Appearance>
            <Sphere DEF="_74">
            </Sphere>
        </Shape>
    </Transform>
    <Transform DEF="_75" rotation='0 0 1 1.595435' translation='-3.008415 -11.30003 0'>
    </Transform>
```

```
</Transform>
<Transform DEF="_76" rotation='0 0 -1 0.5745115' scale='0.1461313 0.4477022 0.2258787'
translation='-1.07119 -0.0786608 0.1583965'>
    <Shape DEF="_77">
        <Appearance DEF="_78">
            <Material DEF="_79" diffuseColor='0 0 0'>
            </Material>
        </Appearance>
        <Sphere DEF="_80">
        </Sphere>
    </Shape>
</Transform>
<Transform DEF="_81" scale='0.6349869 0.2037954 0.5680892' translation='0.0364643
0.4500331 0.3615079'>
    <Shape DEF="_82">
        <Appearance DEF="_83">
            <Material DEF="_84" diffuseColor='1 0.8352941 0'>
            </Material>
        </Appearance>
        <Sphere DEF="_85">
        </Sphere>
    </Shape>
</Transform>
 </Scene>
</VR-X3D>
```

利用基本几何节点创建卡通 3D QQ 造型,并对模型的各个部分进行材质着色设计。
最终的卡通 3D QQ 造型如图 7-10 所示。

图 7-10　最终的卡通 3D QQ 造型

3. 卡通车

卡通车造型设计案例的开发与设计步骤如下。

第一步:在 Scene 节点中插入 Background 节点。

第二步:加入 Viewpoint(视点)节点。

第三步：利用 Transform 节点对几何节点进行定位、旋转、缩放。

第四步：使用 Shape 节点和基本几何节点创建 3D 卡通车模型。

第五步：利用 Material 节点基本几何体进行颜色绘制。

启动 BS Content Studio 集成开发环境，在 VR-X3D 场景交互设计场景中，双击"px3d7-7.X3D"文件，即可查看卡通车造型设计，如图 7-11 所示。

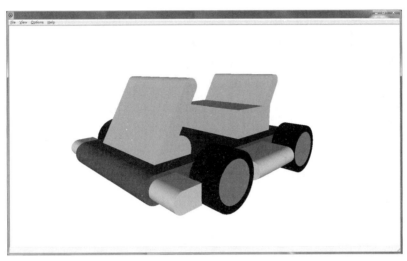

图 7-11　卡通车造型设计

在本书附赠的数字资源中，提供了卡通车造型设计实验文件 px3d7-7.X3D，具体操作如案例 7-7 所示。

【案例 7-7】　利用 Background 节点、Viewpoint 节点、Transform 节点、Shape 节点、Appearance 节点、Material 节点以及基本几何节点在三维立体空间背景下，创建一个卡通车造型。

实验文件 px3d7-7.X3D 的源代码展示如下：

```
<Scene>
    <Background skyColor="0.98 0.98 0.98"/>
    <Viewpoint description="view-1" position="10 0 10" orientation="0 1 0 0.785"/>
    <!--VR-X3D卡通车前挡和座椅设计 -->
    <Transform  DEF="by" rotation="1 0 0 -0.524" >
    <Transform translation="0 0.2 1.8" rotation="0 0 1 1.571" scale="1 1 1">
        <Shape>
          <Appearance>
      <Material diffuseColor="0.8 0.8 1.8"/>
      </Appearance>
      <Cylinder height="2.8" radius="0.2"/>
        </Shape>
      </Transform>
    <Transform translation="0 -0.9 1.8" rotation="0 0 1 1.571" scale="1 1 1">
        <Shape>
          <Appearance>
      <Material diffuseColor="0.8 0.8 1.8"/>
      </Appearance>
      <Box size="2.2 2.8 0.4"/>
        </Shape>
```

```
        </Transform>
    </Transform>
<Transform  translation="0 0 -4" scale="1 1 1">
        <Transform USE="by"/>
    </Transform>
<Transform translation="0 -0.5 1.9" rotation="0 0 1 -1.571" scale="1 1 1">
        <Shape>
          <Appearance>
    <Material diffuseColor="0.8 0.8 1.8"/>
        </Appearance>
          <Cylinder height="2.8" radius="0.4"/>
        </Shape>
        </Transform>
<Transform translation="0 -0.25 -1.4" rotation="0 0 1 1.571" scale="1 1 1">
        <Shape>
          <Appearance>
    <Material diffuseColor="0.8 0.8 1.8"/>
        </Appearance>
        <Box size="1.0 2.8 1.8"/>
        </Shape>
        </Transform>
<!--VR-X3D卡通车主体车架设计-->
<Transform translation="0 -1 0">
        <Shape>
          <Appearance>
    <Material diffuseColor="0.5 0 0"/>
        </Appearance>
        <Box size="3.8 0.7 6"/>
        </Shape>
        </Transform>
<Transform translation="0 -1 3" rotation="0 0 1 1.571">
        <Shape>
          <Appearance>
    <Material diffuseColor="0.5 0 0"/>
        </Appearance>
        <Cylinder height="3.8" radius="0.35"/>
        </Shape>
        </Transform>
```

至此，得到了卡通车主体车架、风挡、座椅 3D 模型，如图 7-12 所示。

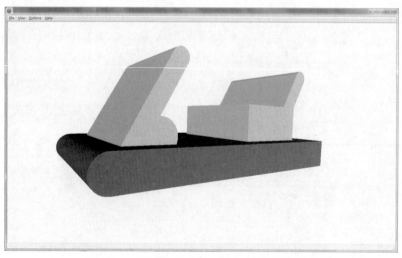

图 7-12　卡通车主体车架、风挡、座椅 3D 模型

卡通车底盘、保险杠、4个车轮子以及2个车轴的3D模型设计的源代码展示如下：

```
<!--VR-X3D卡通车底盘和保险杠设计 -->
<Transform DEF="b">
<Transform DEF="a" translation="-2.5 -1 1.5" >
<Transform translation="0 0 0" rotation="0 0 -1 1.57" scale="0.25 0.25 0.25">
    <Shape>
      <Cylinder bottom="true" height="3" radius="3" />
      <Appearance DEF="Cammi">
        <Material diffuseColor="0 0 0"/>
      </Appearance>
    </Shape>
    </Transform>
<Transform translation="0 0 0" rotation="0 0 -1 1.57"  scale="0.25 0.25 0.25">
        <Shape>
        <Cylinder bottom="true" height="3.1" radius="2.2" />
        <Appearance DEF="Cammi">
          <Material diffuseColor="1 0 0"/>
        </Appearance>
      </Shape>
</Transform>
    </Transform>
    <Transform translation="5 0 0">
      <Transform USE="a"/>
    </Transform>
<Transform translation="0 -1.0 1.5" rotation="0 0 -1 1.57"  scale="0.25 0.25 0.25">
        <Shape>
        <Cylinder bottom="true" height="18.5" radius="0.6" />
        <Appearance DEF="Cammi">
          <Material diffuseColor="0.5 0 0"/>
        </Appearance>
      </Shape>
    </Transform>
</Transform>
<Transform translation="0 0 -3.5" scale="1 1 1">
        <Transform USE="b"/>
    </Transform>
<!--VR-X3D卡通4个车轮子和2个车轴设计 -->
<Transform translation="0 -1 2.7">
      <Shape>
        <Appearance>
    <Material diffuseColor="1 1 0"/>
    </Appearance>
    <Box size="5.5 0.5 0.5"/>
      </Shape>
    </Transform>
 <Transform translation="0 -1 2.95" rotation="0 0 1 1.571">
      <Shape>
        <Appearance>
    <Material diffuseColor="1 1 0"/>
    </Appearance>
    <Cylinder height="5.5" radius="0.25"/>
      </Shape>
    </Transform>
 <Transform translation="0 -1 -0.25">
      <Shape>
        <Appearance>
```

```
        <Material diffuseColor="1 1 0"/>
      </Appearance>
      <Box size="5.5 0.5 1.8"/>
        </Shape>
      </Transform>
<Transform translation="2.75 -1 -0.25" rotation="1 0 0 1.571">
      <Shape>
        <Appearance>
      <Material diffuseColor="1 1 0"/>
      </Appearance>
      <Cylinder height="1.8" radius="0.25"/>
        </Shape>
      </Transform>
<Transform translation="-2.75 -1 -0.25" rotation="1 0 0 1.571">
      <Shape>
        <Appearance>
      <Material diffuseColor="1 1 0"/>
      </Appearance>
      <Cylinder height="1.8" radius="0.25"/>
        </Shape>
      </Transform>
</Scene>
```

卡通车底盘与车轮的造型如图 7-13 所示。

图 7-13　卡通车底盘与车轮的造型

4. 花园凉亭

花园凉亭的构造主要有斜梁、横梁、立柱、檩条、望板等，如图 7-14 所示。

花园凉亭的结构设计主要涵盖凉亭顶盖、凉亭支架、凉亭底座等，具体设计步骤如下。

第一步：在 Scene 节点中插入 Background 节点。

第二步：创建一个圆桌造型。

第三步：导入 6 个红色灯笼造型。

图 7-14　花园凉亭的构造

第四步：导入 VR-X3D 花园凉亭模型。

在本书附赠的数字资源中，提供了花园凉亭结构设计实验文件 px3d7-8.X3D，具体操作如案例 7-8 所示。

【案例 7-8】　利用 Transform 节点、Shape 节点、Appearance 节点、Material 节点、Inline 节点以及基本几何节点在三维立体空间背景下，创建一个层次清晰、结构合理的复杂三维立体组合场景和造型。虚拟现实 Inline 内联节点内嵌入场景设计文件 pxsd7-8.X3D，其源代码展示如下：

```
<Scene>
    <!-- Scene graph nodes are added here -->
    <Background skyColor="1 1 1"/>
    <Transform translation="0.5 -2.5 -10.5" scale="1 1 1">
        <Shape DEF="sp">
            <Appearance>
                <Material ambientIntensity="0.4" diffuseColor="0.5 0.5 0.5"/>
            </Appearance>
            <Cylinder bottom="true" height="1.8" radius="0.5" side="true" top="true"/>
        </Shape>
    </Transform>
    <Transform translation="0.5 -1.5 -10.5" scale="1 1 1">
        <Shape >
            <Appearance>
                <Material ambientIntensity="0.4" diffuseColor="0.5 0.5 0.5"/>
            </Appearance>
            <Cylinder bottom="true" height="0.5" radius="1" side="true" top="true"/>
        </Shape>
    </Transform>
    <!--导入灯笼造型设计-->
    <Transform rotation="0 0 1 0" scale="0.35 0.35 0.35" translation="7 3.2 -10.7">
        <Inline url="pVR-X3D7-8-1.VR-X3D"/>
    </Transform>
    <Transform rotation="0 0 1 0" scale="0.35 0.35 0.35" translation="-5.9 3.2 -10.7">
        <Inline url="pVR-X3D7-8-1.VR-X3D"/>
```

```
      </Transform>
      <Transform rotation="0 0 1 0" scale="0.35 0.35 0.35" translation="3.7 3.2 -16.2">
        <Inline url="pVR-X3D7-8-1.VR-X3D"/>
      </Transform>
      <Transform rotation="0 0 1 0" scale="0.35 0.35 0.35" translation="-2.7 3.2 -16.2">
        <Inline url="pVR-X3D7-8-1.VR-X3D"/>
      </Transform>
      <Transform rotation="0 0 1 0" scale="0.35 0.35 0.35" translation="3.7 3.2 -5.2">
        <Inline url="pVR-X3D7-8-1.VR-X3D"/>
      </Transform>
      <Transform rotation="0 0 1 0" scale="0.35 0.35 0.35" translation="-2.6 3.2 -5.2">
        <Inline url="pVR-X3D7-8-1.VR-X3D"/>
      </Transform>
    </Transform>
  <!--导入VR-X3D花园凉亭造型设计-->
    <Transform rotation="0 0 1 0" scale="0.05 0.05 0.05" translation="0 -5  -10">
      <Inline url="pVR-X3D7-8-2.VR-X3D"/>
    </Transform>
  </Scene>
</VR-X3D>
```

在花园凉亭源文件中添加 Background 节点、Transform 节点、Inline 节点和 Shape 节点,Background 节点的颜色取浅灰白色以突出三维立体几何造型的显示效果。Inline 节点可以通过 url 读取外部文件中的节点,从而增强程序设计的可重用性和灵活性,给 VR-X3D 程序设计带来更大的方便,因此利用 Inline 内联节点实现组件化、模块化的设计效果。此外增加了 Appearance 节点和 Material 节点,对物体造型的外观颜色、物体发光颜色、外观材料的亮度以及透明度进行设计。

要运行程序,首先,启动 BS_Contact_VRML/VR-X3D 浏览器。其次打开相应的程序文件,运行虚拟现实 Inline 节点,创建一个模块化和组件化的三维立体空间场景造型。最后在场景中利用 Inline 节点内嵌入立体造型程序的运行结果,如图 7-15 所示。

图 7-15 花园凉亭建筑设计效果

第8章 Unity 虚拟/增强现实开发平台

Unity(Unity3D)是由 Unity Technologies 公司开发设计，主要应用于三维视频游戏、建筑可视化、实时三维动画、VR/AR 技术等互动类型的多平台综合型仿真游戏开发平台和工具，是一款全面整合的专业仿真游戏引擎。Unity 是类似于 Director、Blender3D 游戏引擎、Virtools 仿真引擎以及 Torque Game Builder 2D 游戏制作软件等的利用交互的图形化开发环境为首要方式的软件。其集成开发环境可运行在 Windows、Linux、macOS 等操作系统下，可发布游戏至 Windows PC、Mac、Wii、iPhone 和 Android 手机等平台。也可以利用 Unity Web Player 插件发布网页游戏，支持 macOS 和 Windows 系统的网页浏览。

Unity 游戏引擎的功能特点如下。

(1) 可视化编程界面能完成各种开发工作，高效的脚本编辑，方便开发与设计。

(2) 支持大部分 3D 模型、骨骼和动画直接导入，能将贴图材质自动转换为 unity3d 格式。

(3) 只需一键即可完成作品的多开发和部署任务。

(4) 底层支持 OpenGL 和 Director11，简单而实用的物理引擎、高质量粒子系统等，轻松上手效果逼真。

(5) 支持 JavaScript、C♯、Boo 脚本语言。

(6) 性能卓越，开发效率出类拔萃，极具性价比优势。

(7) 支持从单机应用到大型多人联网游戏的开发与设计。

(8) 跨平台，多接口能力极强，适合于任何开发平台和应用领域。

Unity 仿真游戏交互技术与 Blender 游戏引擎无缝对接，把 Blender 3D 模型、材质、纹理、动画、物理特效等功能导入 Unity 仿真游戏交互场景中直接使用，可以减少二次开发与调整时间，极大提高 Unity 仿真游戏交互技术项目开发的效率。Unity 虚拟/增强现实发平台如图 8-1 所示。

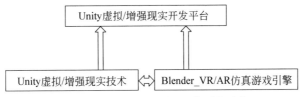

图 8-1 Unity 虚拟/增强现实开发平台

8.1　Unity 虚拟仿真引擎简介

Unity 是一款功能强大、界面优雅而简单的集成编辑器和游戏引擎,为开发者提供了创建和发布一款游戏所必要的工具。无论开发者是要开发一款 3D 战略游戏还是 2D 休闲游戏,Unity 所有的功能都有不同的、带有标签的窗口视图,每个视图都提供了不同的编辑和操作功能,以帮助开发者完成游戏开发任务。

Unity 集成开发环境主要由标题栏、菜单栏、工具栏、场景视图、游戏视图、项目浏览器视图、层级面板视图、检视面板显示等版块构成。

Unity 集成开发环境编辑的界面,主编辑的界面涵盖 Toolbar(工具栏)、Scene View(场景视图)、Game View(游戏视图)、Project Browser(项目浏览器视图)、Hierarchy(层级面板视图)、Inspector(检视面板)以及 Other Views(其他视图)等。

工具栏包括 5 项基本控制功能,每项功能控制编辑器的不同部分。如控制场景中的物体使其移动、缩放、旋转等;对游戏场景进行播放、暂停、继续播放操作等;控制任意层对象显示在场景视图;控制编辑器界面的视图布局等。

可以使用场景视图来选择和定位游戏场景中的环境、玩家、相机、敌人以及其他游戏对象,把所有需要的模型、灯光以及其他材质的对象拖放到游戏场景中,以构建游戏中所能呈现的景象。

游戏视图是用来渲染游戏场景中的景象的,该面板不能用作编辑,但可以呈现完整的游戏动画效果。

项目浏览器视图,主要功能是显示该项目文件中的所有资源列表,除了模型、材质、字体等,还包括该项目的各个场景文件。

层级面板视图包括所有在当前游戏场景中的游戏对象。可以在层级面板中选择和拖曳一个对象到另一个对象上来创建父子级。在场景中添加和删除对象时,它们会在层级面板中出现或消失。

呈现在检视面板中的任何属性都是可以直接修改的,包括三维坐标、旋转量、缩放大小、脚本的变量和对象等。其中,在无须修改脚本程序的情况下就可以改变脚本变量;也可以在检视面板运行时修改变量,进行仿真游戏场景的调试。

Unity 集成开发环境界面如图 8-2 所示。

8.1.1　标题栏

标题栏用于显示 Unity 图标和项目文件名称。在标题栏中最左边是 Unity 专用图标,接下来是 Unity 项目名称,如案例 1.unity。标题栏右侧有常见的最小化、最大化和关闭按钮,单击不同的按钮,执行不同的操作,如图 8-3 所示。

8.1.2　菜单栏

菜单栏中包含 9 个菜单项:File(文件)、Edit(编辑)、Assets(资源)、GameObject(游

图 8-2　Unity 集成开发环境界面

図Unity - 案例1.unity - 案例1 - PC and Mac Standalone

图 8-3　Unity 标题栏

戏对象)、Component(组件)、Terrain(地形)、Tools(工具)、Window(窗口)以及 Help(帮助),如图 8-4 所示。

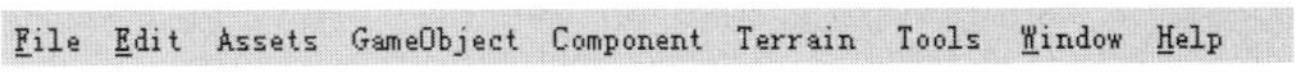

File Edit Assets GameObject Component Terrain Tools Window Help

图 8-4　菜单栏

1. File

File 的功能是打开和保存场景、项目以及创建游戏,如图 8-5 所示。

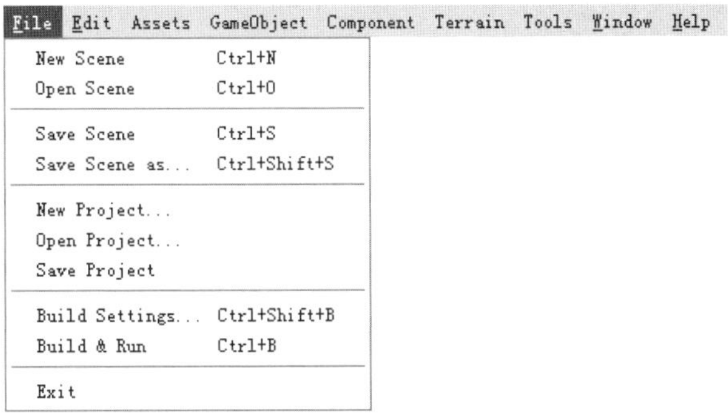

File	Edit Assets GameObject Component Terrain Tools Window Help
New Scene	Ctrl+N
Open Scene	Ctrl+O
Save Scene	Ctrl+S
Save Scene as...	Ctrl+Shift+S
New Project...	
Open Project...	
Save Project	
Build Settings...	Ctrl+Shift+B
Build & Run	Ctrl+B
Exit	

图 8-5　File 菜单界面

File 菜单的功能包括 New Scene(新建场景)、Open Scene(打开场景)、Save Scene(保存场景)、Save Scene as(场景另存为)、New Project(新建工程文件)、Open Project(打开工程文件)、Save Project(保存工程文件)、Build Settings(构建游戏设置)、Build & Run(构建并运行游戏)以及 Exit(退出)。

2. Edit

Edit(编辑)的功能是实现文件的复制、粘贴、剪切、撤销、播放、暂停等以及选择相应的设置,如图 8-6 所示。

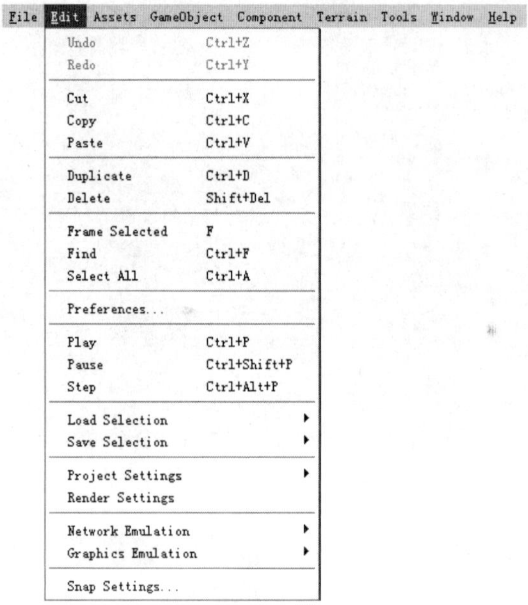

图 8-6　Edit 菜单界面

Edit 菜单包括 Undo(撤销)、Redo(重复)、Cut(剪切)、Copy(复制)、Paste(粘贴)、Duplicate(复制并粘贴)、Delete(删除)、Frame Selected(摄像机镜头移动到所选的物体前)、Select All(全选)、Preferences(首选参数设置)、Play(播放)、Pause(暂停)、Step(单帧)、Load Selection(加载选择)、Save Selection(保存选择)、Project Settings (项目设置)、Render Settings (渲染设置)、Network Emulation(网络仿真)、Graphics Emulation(图形仿真)、Snap Settings(对齐环境)功能。

3. Assets

Assets 菜单包含与资源的创建、导入、导出、刷新以及同步相关的所有功能,如图 8-7 所示。

图 8-7　Assets 菜单界面

Assets 菜单包括 Create(创建,包含文件夹、材质、脚本等)、Show in Explorer(显示项目资源所在的文件夹)、Open(打开)、Delete(删除)、Import New Asset(导入新的资源)、Import Package(导入资源包)、Export Package(导出资源包)、Select Dependencies(选择依赖项)、Refresh(刷新)、Reimport(重新导入)、Reimport All(重新导入所有)、Sync MonoDevelop Project(与 Mono 项目文件同步)功能。

4. GameObject

GameObject 菜单主要有创建、显示游戏对象以及建立父子关系的功能,如图 8-8 所示。

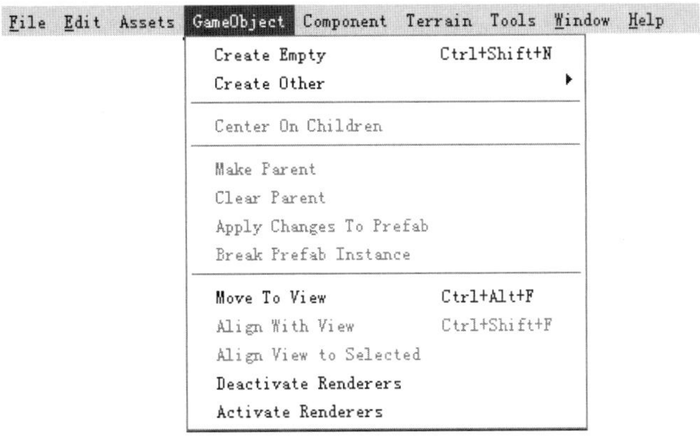

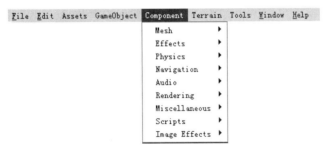

图 8-8　GameObject 菜单界面

GameObject 菜单包括 Create Empty(创建一个空对象)、Create Other(创建其他组件)、Center On Children(子物体归位到父物体中心点)、Make Parent(创建子父集)、Clear Parent(取消子父集)、Apply Changes To Prefab(应用改变一个预置)、Move To View(移动物体到视窗的中心点)、Align With View(移动物体与视窗对齐)、Align View to Selected(移动视窗与物体对齐)等功能。

5. Component

Component 菜单主要为游戏对象创建新的组件或属性,功能包括网格、特效、物理系统、导航、音频、渲染、脚本等,如图 8-9 所示。

图 8-9　Component 菜单界面

Component 菜单包括 Mesh(网格)、Effects(特效)、Physics(物理系统)、Navigation(导航)、Audio(音频)、Rendering(渲染)、Miscellaneous(杂项)、Scripts（脚本)、Image Effects(图像特效)功能。

6. Terrain

Terrain 菜单的功能包括创建一个系统自带的地形系统,即为游戏场景创建地形并编辑;导入、导出、展平高度图;创建光影图为场景批量植树等,如图 8-10 所示。

图 8-10 Terrain 菜单界面

Terrain 菜单包括 Create Terrain(创建地形)、Import Heightmap - Raw(导入高度图)、Export Heightmap - Raw(导出高度图)、Set Resolution(设置分辨率)、Mass Place Trees(批量植树)、Flatten Heightmap(展平高度图)、Refresh Tree and Detail Prototypes(刷新树及预置细节)等功能。

7. Tools

Tools(工具)菜单,主要功能包括 Standard Editer Tools(标准编辑工具)、Check valid shaders(检测有效着色器)、CopyMoodBox(复制 Mood 盒)、Clean Project(清理项目)、Tweak reflection mask(调整反射遮罩)、Reveal Mesh Colliders(显示网格碰撞器)、Transform Copier(变换复印机)、PasteMoodBox(粘贴 Mood 盒)、Export(输出)、Sample Animation On Selected(选定对象上的动画示例)、Use Only Unlit Shaders(仅使用取消锁定着色器)、Assign Closest Patrol Routes(指定最近的巡逻路线)、Replace Prefab Instances(替换预制实例)等,如图 8-11 所示。

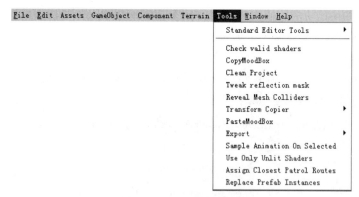

图 8-11 Tools 菜单界面

8. Window

Window(窗口)菜单,主要功能包括 Next Window(下一个窗口)、Previous Window(上一个窗口)、Layouts(窗口的重新布局)、Scene(场景窗口)、Game(游戏窗口)、Inspector(检视窗口)、Hierarchy(层次窗口)、Project(工程窗口)、Animation(动画窗口)、Particle Effect(粒子效果)、Profiler(分析器)、Asset Store(资源商店)、Asset Server(资源服务器)等,如图 8-12 所示。

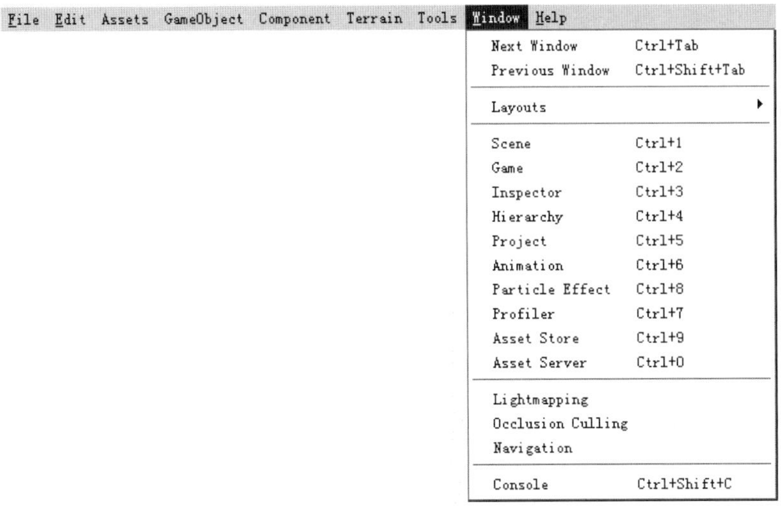

图 8-12　Window 菜单界面

9. Help

Help(帮助)菜单主要包括 About Unity(关于 Unity)、Enter serial number(输入序列号)、Unity Manual(Unity 手册)、Reference Manual(参考手册)、Scripting Reference(脚本手册)、Unity Forum(Unity 论坛)、Unity Answers(Unity 答复)、Unity Feedback(Unity 反馈)以及 Welcome Screen(欢迎窗口)等功能,如图 8-13 所示。

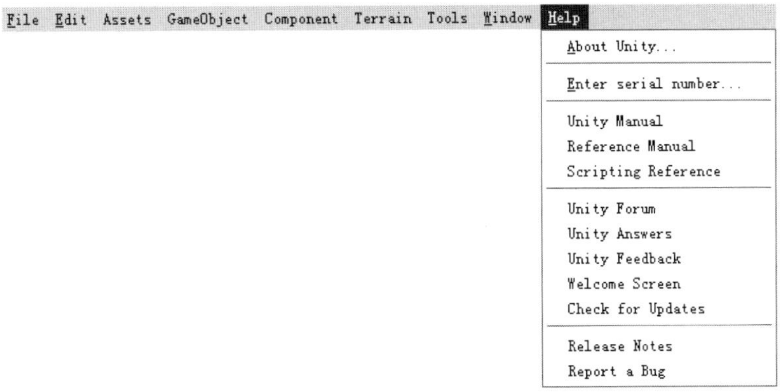

图 8-13　Help 菜单界面

8.1.3　工具栏

工具栏位于菜单栏的下方,主要包括交换工具、变换 Gizmo 切换、播放控件、分层下拉列表、布局下拉列表,如图 8-14 所示。

交换工具:在场景设计面板中用来控制和操作对象,其中包含 Hand(移动)工具、Translate(平移)工具、Rotate(旋转)工具以及 Scale(缩放)工具。

变换 Gizmo 切换:包含两个按钮,分别是切换轴心点以及切换全局和局部坐标,作用是改变场景设计面板中 Translate 工具的工作方式。

交换工具　　　变换Gizmo切换　　　　　播放控件　　　　　分层下拉列表　布局下拉列表

图 8-14　工具栏

播放控件：用来在编辑器内开始或暂停游戏的测试。

分层下拉列表：控制某一层对象显示在场景视图中以及控制任何给定时刻在场景设计面板中显示特定的对象。

布局下拉列表：控制所有视图布局，可以改变窗口和视图的布局，并且可以保存所创建的任意自定义布局。

8.1.4　场景设计面板

场景设计面板，即场景视图编辑器，是游戏场景交互的场所。使用场景视图编辑器可以对游戏对象列表中的所有物体进行移位、操纵和放置操作，也可以选择和定位环境与对象，设置摄像机导航，构建游戏玩家、NPC、怪物以及其他游戏对象。场景视图导航则利用键盘、鼠标、功能键、场景游戏手柄等工具快速浏览并控制游戏场景和对象。

利用键盘上的方向键（↑、↓、←、→）来移动控制场景，可以在游戏场景中行走浏览。按↑、↓键可以控制相机在场景中向前、向后移动，按←、→键可以控制相机左右平移，按住 Shift 键可使移动速度更快。

在场景视图中一个非常关键的操作是场景与对象的旋转、移动和缩放，利用鼠标可以执行这些操作。按住 Alt＋鼠标左键并拖曳光标将绕当前轴点旋转镜头；按住 Alt＋鼠标中键并拖曳光标可以进行镜头平移操作；按住 Alt＋鼠标右键并拖曳光标可以缩放镜头。

此外，还有另一种方式可以通过鼠标来控制场景视图。

（1）单击工具栏交换工具中的手形图标或按快捷键 Q，再单击场景视图便可以用鼠标来控制镜头。

（2）按住 Alt＋鼠标左键并拖曳光标可以旋转当前镜头，此时交换工具图标变为。

（3）按住 Alt＋鼠标右键并拖曳光标可以缩放镜头视野，此时交换工具图标变为。

使用漫游模式可以让用户以第一人称视角来浏览游戏场景。只需要按住鼠标右键，就可以通过拖曳光标和按 W、A、S、D 键控制物体前、后、左、右移动，同时，按 Q 和 E 键可以分别上下来移动视图。按下 Shift 键移动得更快。

而利用游戏场景手柄工具也可以改变场景视角。在场景视图中的右上角是场景手柄工具，它显示场景视图当前的视角方向，可以用它快速修改场景视角，也可以利用 Persp（透视）模式和正交模式来切换游戏场景和对象。

可以单击场景手柄工具的方向杆，更改场景成为该方向上的正交模式。在正交模式中，可以按住鼠标右键并拖曳光标来旋转，也可以按住 Alt＋鼠标左键并拖曳光标来平移。要退出正交模式，只需单击场景手柄工具的中间的小方块，便进入 Persp 模式。也可以随时按住 Shift 键并单击手柄工具中间小方块来切换正交模式。

此外,按 Space 键可以使得当前激活的视图占据编辑器所有可用的显示空间,再次按 Space 键可以返回之前的布局,如图 8-15 所示。

图 8-15　场景设计面板全屏模式

高级场景视图控制工具栏,可以用于查看场景视图不同模式的纹理、线框、RGB、透视以及其他属性。在高级场景视图控制工具栏中,可以选择纹理绘制模式、渲染模式,查看场景中的各种选项,还可以控制场景照明、场景叠加、试听模式,并且可以通过搜索栏搜索相关功能。进行上述操作仅影响开发过程中的场景视图,并不影响最终编译的游戏,如图 8-16 所示。

图 8-16　高级场景视图控制工具栏

8.1.5 游戏视图

游戏视图位于场景视图标签的旁边,游戏视图中的内容由游戏内的摄像机渲染而成,并在游戏最终完成且发布后进行游戏的渲染。可以在任何时候使用游戏视图在编辑器内测试或者调试游戏程序,而不需要停下来构建任何场景和对象。可以使用一个或多个摄像机来控制游戏中的场景。

游戏视图的工具栏包括 Free Aspect(任意显示比例)、Maximize on Play(最大化全屏预览)、Stats(数据渲染)以及 Gizmos(工具)。

Free Aspect 可以实时改变游戏视图窗口的显示比例和宽高比,以测试游戏在不同屏幕上各种宽高比情况下的运行效果。当需要为不同大小的屏幕制作 GUI 时,它会非常

方便和有效,如图 8-17 所示。

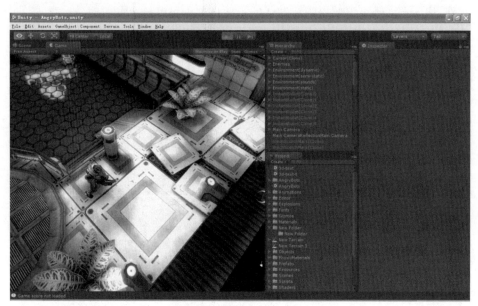

图 8-17　Free Aspect 工具

Maximize on Play 可以在开始运行游戏时把游戏视图窗口扩大到编辑器窗口的整个区域,实现 100％最大化全屏预览。

Stats 是显示渲染状态的统计窗口,用于监控游戏的图形性能,当开始优化游戏时,它是非常有用的。

选择 Gizmos 工具会弹出菜单,显示各种不同类型的游戏中绘制和渲染的所有工具组件。如果启用该功能,所有显示在场景视图的 Gizmos 也将在游戏视图中显示,包括所有使用 Gizmos 类函数绘制的 Gizmos。

8.1.6　项目浏览器视图

在项目浏览器视图中,可以访问和管理所有项目文件,包括脚本、场景、对象、材质、子文件夹以及其他文件等。把这些文件都组织到一个 Project 文件夹中,其下是各个资源文件夹、开发人员创建的对象以及导入的资源,如动画、编辑、标准资源、声音、纹理、树木等。项目浏览器视图显示 Project 文件夹及其所包含的资源文件夹和创建的对象。右击项目浏览器视图列表,会弹出一个菜单,通过这个菜单可以导入资源、导入包、同步外部项目控制器,还可以进行创建、打开以及删除等操作,如图 8-18 所示。

项目浏览器视图列表显示了工程项目的全部资源,这些资源在项目浏览器视图列表中的组织方式与系统导入的资源组织方式完全一样。文件夹左边的箭头表示这是一个嵌套层,单击某个箭头会展开该文件夹的内容。在项目浏览器视图列表中,单击或拖曳相应对象,可以在不同文件夹中移动和组织文件。

在项目浏览器视图列表中直接打开文件,可以对其进行编辑工作。如果对 Unity 对象进行调整和修改,双击 Unity 对象文件就可以在编辑器中打开它。也可以把文件保存

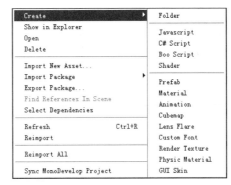

图 8-18　项目浏览器视图功能

或导入项目中。

项目浏览器视图有一个功能强大的搜索工具。如果项目浏览器视图列表中包含的文件过多,在右上角的搜索框中输入文件名称,便可以在项目的各个层级子目录中进行快速查找。

8.1.7　层级面板视图

层级(Hierarchy)面板视图包括所有在当前游戏场景中用到的对象,场景中的这些对象是简单地按字母顺序排列的。在游戏中可以添加或者删除对象,而在层级面板视图列表中会随着每次的修改进行更新。右击层级面板视图可以对对象进行复制、粘贴、更名和删除操作,也可以在列表中选择一个对象并按 Delete 键直接将其删除,如图 8-19所示。

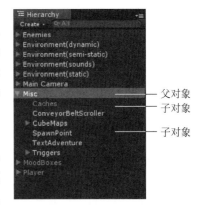

图 8-19　层级面板视图功能

Unity 使用了一个概念叫作父子级(Parenting),它使某个对象为另一个对象的子级。在层级面板视图列表中为对象建立复制关系,在层级面板视图中拖曳所需的子对象到所需的父对象上,子对象将继承父对象的移动和旋转的操作结果,可以使用父对象的折叠箭头来显示和隐藏子对象。也可以在层级面板视图中选择和拖曳一个对象到另一个对象上来创建父子级,对其进行组织并使得对游戏的编辑、修改更为简捷和方便。

图 8-20　检视面板功能

8.1.8　检视面板

检视面板（Inspector）显示当前选定的游戏对象的相关信息，包括所有附加组件及其属性的详细信息，据此可以了解更多的游戏物体组件之间的关系，可以修改场景中游戏对象的属性功能。Unity游戏是由多个游戏对象构成的，在检视面板中则包含网格、脚本、声音或其他图形元素等各种信息，如图 8-20 所示。

检视面板中的任何属性都可以直接修改，其中，在无须修改脚本的前提下就可以改变脚本变量，也可以在检视面板运行时修改变量，从而进行游戏调试。如果开发者在脚本中定义了一个公共变量的对象类型，如游戏物体，则可以拖曳一个游戏物体或预制到检视面板对应的槽；也可以单击检视面板任何组件名称旁边的问号图标（帮助按钮）来打开组件参考页面，具体操作可以查看 Unity 的组件参考手册；还可以单击小齿轮图标（或右击该组件名称条），弹出组件具体的上下文菜单。检视面板也将显示选定的工程文件中的导入设置，单击应用将重新导入资源。

8.2　Unity 虚拟仿真引擎开发与设计

Unity 虚拟仿真引擎开发与设计的主要内容是游戏的地形设计，要熟练地掌握创建地形地貌、绘制地形及修饰地形的方法等。此外还要对 3D 游戏场景中的事物进行合理添加与处理，如在仿真游戏地形场景中添加森林、树木、花草以及河流等，还可以添加建筑物、桥梁、人物及道具等。

8.2.1　地形引擎

Unity 提供了智能化的游戏地形引擎，利用该引擎可以快速创建山脉、河流、山谷等自然景观，地形引擎涵盖了创建地形地貌和地形纹理等的技术细节，还包括有关使用地形的最基本的信息以及创建地形的地形工具和笔刷。使用不同的工具和笔刷可以改变地形高度，为不同地形地貌绘制地形纹理，还可以在地形上添加和绘制树木。

在使用 Unity 地形引擎前，首先要导入地形资源包，也可以一次把所有 Unity 自带的资源包全部导入。

在菜单栏中选择 Assets（资源）→Import Package（导入包）→Terrain Assets（地形资

源)选项,单击 All(全部)按钮,再单击 Import(导入)按钮导入全部地形,如图 8-21 所示,然后再进行游戏地形地貌的创建和编辑。

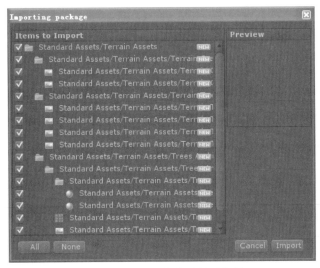

图 8-21　导入全部游戏地形资源

8.2.2　创建地形

在菜单栏中选择 Terrain(地形)→Create Terrain(创建地形)选项创建地形,在 Hierarchy(层级面板视图)中出现新的选项 Terrain。创建地形地貌初始状态,如图 8-22 所示。

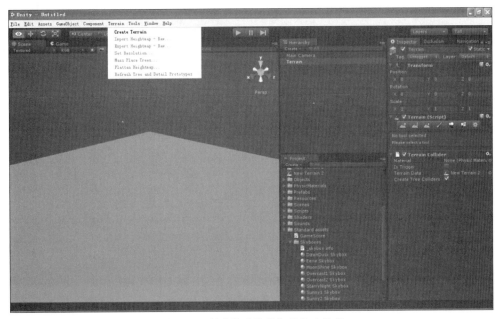

图 8-22　创建地形地貌初始状态效果

8.2.3　编辑地形

在 Unity 地形编辑中除了可以使用高度图使地形产生高低变化,还可以使用地形编

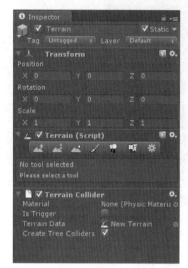

图 8-23　地形编辑器属性面板

辑器对地形进行编辑。在完成游戏地形地貌的创建后,在 Hierarchy(层级面板视图)中,选择 Terrain(地形)选项,则在 Inspector(检视面板)选项卡中会显示地形的详细信息,如图 8-23 所示。

在 Inspector(检视面板)中,将 Transform 属性中的 Position(坐标)的值改为 X=-1500;Y=0;Z=-1500,对齐到世界中心,其他值不变。

在 Terrain(Script)属性下面有不同地形编辑工具,这些工具可以用来升高和降低地形、平滑处理、绘制纹理、附加细节等。可以直接单击这些工具以激活相应功能,这些功能大部分都是以笔刷的形式来使用的。笔刷的通用设置包括 Brush Size(笔刷大小)、Opacity(笔刷透明效果)、Target Strength(笔刷的力度)。如选择左边第一个按钮(升高地形)在地形上绘制时,会根据笔触升高地形。此时,单击会升高地形高度。同时,按住鼠标左键并拖曳光标会不断地升高地形高度至最高值。而在按住 Shift键时重复上述操作,则会得到相反的效果,即降低地形的高度,如图 8-24 所示。

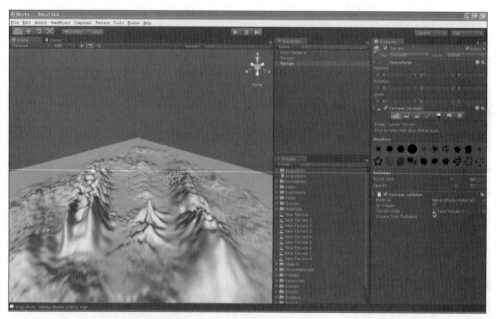

图 8-24　提升或降低地形高度

8.2.4 地形纹理绘制

添加地形纹理可以使用地形编辑工具中左边第 4 个 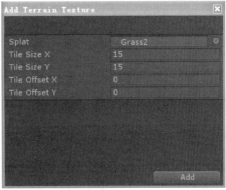 按钮进行地形纹理绘制。在开始绘制地形纹理之前需要添加至少一个纹理到地形上，在 Brushes 属性中，根据需要选择合适的笔刷类型，然后在 Textures 属性中单击 Edit Textures（编辑纹理）→Add Texture（添加纹理）按钮。在弹出的对话框中添加纹理并对平铺尺寸（Tile Size）和偏移量（Tile Offset）进行设置，如图 8-25 所示。

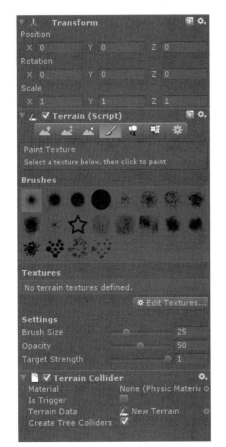

图 8-25 地形纹理参数设置

通过单击 Select 按钮，选择一张或多张 2D 地形纹理。如果导入的纹理资源过多，可以通过查找功能快速找到需要的纹理效果。选好一个地形纹理之后，单击 Add 按钮完成添加，而后可以继续增加其他地形纹理。山脉地形纹理绘制效果如图 8-26 所示。如果要修改地形纹理，在检视面板中选择"画笔"工具，然后再在控制面板上选择 Edit Textures（编辑纹理）选项，选择一个要更换的 2D 纹理，单击应用按钮即可。如果要删除地形纹理，选择 Edit Textures（编辑纹理）→Remove Texture（删除纹理），即可。

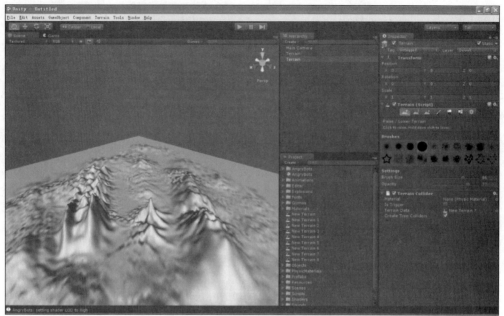

图 8-26　山脉地形纹理绘制效果

8.3　Unity 虚拟仿真引擎设计案例

在 Unity 集成开发环境中,可以利用多个模型文件导入动画,如使用动画分割导入动画,也可以利用 Unity 提供的角色资源进行动画设计。

利用 Unity 提供角色资源进行动画设计的过程如下。

(1) 启动 Unity 集成开发环境,在菜单栏选择 Assets→Import Package→Character Controller 选项导入角色控制器,也可以在项目浏览器视图中,右击选择 Import Package→Character Controller 选项导入角色控制器。

(2) 在菜单栏选择 GameObject→Create Other→Plane 选项在场景中创建一个平面。改变参数,使 Position 中的 Y=−2,其他值不变。

(3) 在工程文件夹中找到 Standard Assets(标准资源文件夹)→Character Controller(角色控制文件夹)→3rd Person Controller 文件,将其拖曳到场景中,如图 8-27 所示。

(4) 在属性面板中找到 Animation(动画)属性,单击 Animation 属性右侧的小圆圈,即可显示静止、跳跃、跑步以及走路等运动状态,据此可以设置角色的各种运动姿势。

(5) 选择 Run(跑步运行状态)选项,单击运行按钮,则角色在场景中跑动起来,如图 8-28 所示。

在 Unity 集成开发环境中封装了一个非常好用的可以实现第一人称视角与第三人称视角游戏开发的角色控制器组件,几乎不用写一行代码就可以完成所有的角色动作行为控制。

首先打开 Unity 集成开发环境,然后在项目浏览器视图中右击选择 Import Package→

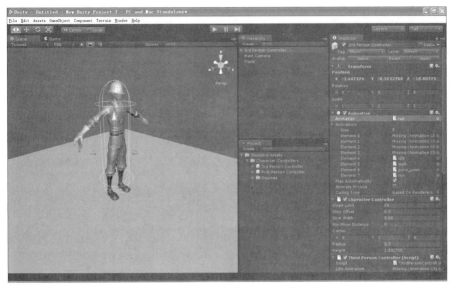

图 8-27　角色动画人物导入设置

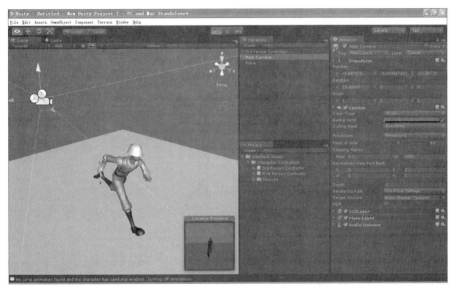

图 8-28　角色在场景中的运动状态效果

Character Controller 选项导入角色控制器。此时,第一人称与第三人称的组件已经加入项目浏览器视图中。其中,First Person Controller 表示第一人称控制器,而 3rd Person Controller 表示第三人称控制器,如图 8-29 所示。

图 8-29　游戏角色控制器导入设置

使用第一人称视角开发设计的步骤如下。

（1）创建天空盒。

在 Unity 集成开发环境菜单栏中，选择 Assets（资源）→Import Package（导入包）→Skyboxes（天空盒）选项，接着单击 All（全部）按钮，单击 Import（导入）按钮，即可完成 Unity 自带天空盒资源的导入工作。

在导入 Unity 自带的天空盒资源后，可以通过渲染来显示天空盒背景。在菜单栏中选择 Edit（编辑）→Render Settings（渲染设置）选项，然后选择 Skybox Material（天空盒材质）选项，选择对应的天空盒材质，就可以得到一个自定义的全景天空盒背景。

（2）创建地形。

在 Unity 集成开发环境中，选择菜单栏中的 Assets（资源）→Import Package（导入包）→Terrain Assets（地形资源）选项，单击 All（全部）按钮，再单击 Import（导入）按钮，导入全部地形。

在菜单栏中选择 Terrain（地形）→Create Terrain（创建地形）选项创建地形。

在检视面板中选择 Terrain（地形）工具条中左边第一个按钮 ![工具条] （升高地形），使用这个工具（升高地形）在地形上绘制时，会根据笔触升高地形。同时在检视面板中，将 Transform 属性中的 Position 坐标值改为 X＝－1500，Y＝0，Z＝－1500，对齐到世界中心，其他值不变。

（3）在项目浏览器视图中右击选择 Import Package→Character Controller（角色控制器）选项，把它导入工程文件中。拖曳 First Person Controller（第一人称控制器）到场景中，如图 8-30 所示。

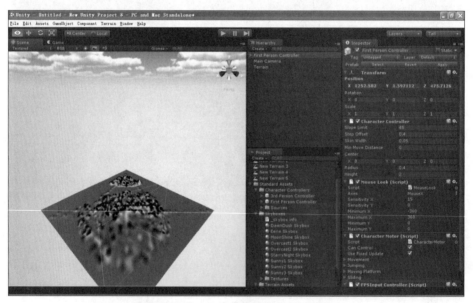

图 8-30　第一人称角色控制器设计效果

第三人称视角的开发设计，先要将项目浏览器视图中的 3rd Person Controller 项目拖曳入层级面板中。第三人称视角需要使用原有的摄像机，如果将摄像机误删，则在层级面板中单击 Create→Camera 按钮即可。然后选择摄像机，在右侧检视面板中设置 Tag 为 MainCamera。最后在层级面板中选择 3rd Person Controller 选项，再在右侧检视面板中将 Third Person Camera 脚本的 Camera Transform 变量绑定上创建的主摄像机,此时运行游戏后即可以第三人称视角操控主角站立、行走与跳跃等姿态。摄像机永远都会跟随在主角后面,除非修改角色控制器组件中默认提供的源码,源码都在右侧监测面板视图中直接点开就可以查看。

使用第三人称视角开发设计的步骤如下。

(1) 创建天空盒。

在 Unity 集成开发环境中,首先导入 Unity 自带的天空盒资源,通过渲染来显示天空盒背景。在菜单栏中选择 Edit(编辑)→Render Settings(渲染设置)选项,然后选择 Skybox Material(天空盒材质)选项,再选择 Sunny1 Skybox(天空盒 1)选项,就可以得到自定义的"天空盒 1"全景天空盒背景。

(2) 在菜单中选择 GameObject→Create Other→Plane 选项,在场景中创建一个平面。

(3) 在菜单栏中选择 Assets→Import Package→Character Controller 导入角色控制器。

(4) 在工程文件夹中找到 Standard Assets(标准资源文件夹)→Character Controller(角色控制文件夹)→3rd Person Controller 文件,将第三人称角色控制器拖曳到场景中。

(5) 选择 Run(跑步运行姿态)选项,单击运行按钮,则第三人称角色在场景中跑动起来,如图 8-31 所示。

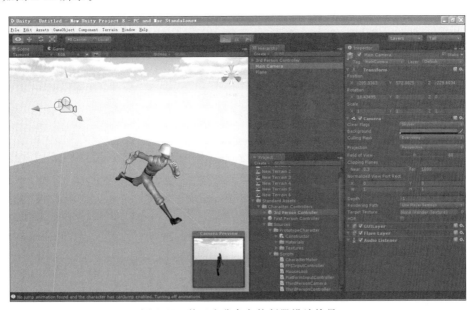

图 8-31 第三人称角色控制器设计效果

第9章　Python 虚拟现实人工智能技术

9.1　Python 人工智能技术

9.1.1　Python 人工智能技术简介

Python 是一门面向对象的、交互的解释型人工智能编程语言,兼具强大的功能和清晰的语法。它集成了模块、异常、动态类型、高水平的动态数据类型和类以及众多智库。Python 脚本是一种强大而灵活的用于扩展 Blender 功能的方法。Blender 的大部分功能都可以脚本化,包括动画设计、渲染、导入与导出、创建物体和自动重复任务等。脚本可以利用紧密集成的 API(application programming interface,应用程序接口)与 Blender 进行交互。

Python 是一种结合了解释性、编译性、互动性和面向对象的高层次脚本语言。Python 的设计具有很强的可读性,它具有比其他语言更具特色的语法结构,可以从以下几个层次来了解 Python 语言。

(1) Python 是解释型语言,这意味着在开发过程中没有了编译这个环节,类似于 PHP 和 Perl 语言。

(2) Python 是交互式语言,这意味着可以在一个 Python 提示符“>>>”后直接执行代码。

(3) Python 是面向对象语言,这意味着 Python 是可以支持面向对象或将代码封装在对象中的编程技术。

(4) Python 是初学者的语言,Python 对初级程序员而言,是一种功能强大的语言,它支持广泛的应用程序开发,例如从简单的文字处理到 WWW 浏览器编辑再到游戏设计。

1. Python 语言的发展历程

Python 语言的创始人是吉多·范罗苏姆(Guido van Rossum)。1989 年,为了打发圣诞节假期,吉多·范罗苏姆决心开发一个新的脚本解释程序,作为 ABC 语言的一种继承,也就是 Python 语言的编译器。Python 这个名字,来自于吉多挚爱的电视剧 *Monty Python's Flying Circus*。吉多希望这个叫作 Python 的语言能符合他的理想:创造一种处于 C 和 Shell 之间,功能全面、易学易用、可拓展的语言。就这样,Python 在吉多手中诞生了。可以说,Python 是从 ABC 语言发展而来,主要受到了 Modula-3(另一种相当优美且强大的语言,是为小型团体所设计的)的影响,并且结合了 C 和 Shell 的习惯的一种语言。

自从 Python 语言诞生至今,它已被广泛应用于人工智能、虚拟现实、大数据、区块链设计、系统管理项目开发以及 Web 编程设计等领域。目前,Python 已经成为较受欢迎的程序设计语言之一。2004 年以后,Python 的使用率呈线性增长。2011 年 1 月,Python 被 TIOBE 编程语言排行榜评为 2010 年年度语言。2020 年,Python 已经跻身全球编程语言排行榜前三名。相信在不久的将来,Python 有希望超越 Java、C、C++ 成为世界第一的编程语言。

2. Python 语言的风格

Python 在设计上坚持了整齐划一的风格,这使得 Python 成为一种易读、易维护、简洁明快,并且深受广大用户喜欢、适应性强、用途广泛的程序设计语言。

设计者在开发时总的指导思想是,对于一个特定的问题,只要有一种最好的方法来解决即可。简单来说就是,解决问题应该有一种,最好只有一种显而易见的方法。这正好和 Perl 语言(另一种功能类似的高级动态语言)的中心思想 TMTOWTDI(There's more than one way to do it)完全相反。

Python 的作者有意地设计限制性很强的语法,使得不好的编程习惯(例如 if 语句的下一行不向右缩进)都不能通过编译,其中很重要的一项就是 Python 的缩进规则。

与其他大多数语言,如 C、Java 等的区别是,Python 有一个模块的界限,完全是由每行的首字符在这一行的位置来决定的(而 C 语言是用一对花括号{}来明确地定义模块的边界的,与字符的位置毫无关系)。这一点曾经引起过争议,因为自从 C 语言诞生后,语言的语法含义与字符的排列方式分离开来,被认为是一种程序语言的进步。不过不可否认的是,通过强制程序员们缩进,包括 if、for 和函数定义等所有需要使用模块的地方,Python 确实使得程序更加清晰和美观。

3. Python 语言的特点

Python 语言可以总结为以下一些特点。

(1)易于学习:Python 有相对较少的关键字和明确定义的语法,结构简单,学习起来更加轻松。

(2)易于阅读:Python 代码定义得相当清晰。

(3)易于维护:Python 的成功在于它的源代码是相当容易维护的。

(4)拥有广泛的标准库:Python 最大的优势是具有丰富的库以及跨平台等优点,与 UNIX、Windows 和 Macintosh 等操作系统都能够很好地兼容。

(5)支持互动模式:Python 是可以从终端输入执行代码并获得结果的语言,用户可以互动地测试和调试代码片段。

(6)可移植:基于其开放源代码的特性,Python 已经被移植(也就是使其工作)到许多平台。

(7)可扩展:如果需要一段运行速度很快的关键代码,或者想要编写一些不愿开放的算法,可以使用 C 或 C++ 完成那部分程序,然后从 Python 程序中调用。

(8)可嵌入:可以将 Python 嵌入 C/C++ 程序,让程序用户获得"脚本化"的能力。

(9)数据库丰富:Python 提供所有主要的商业数据库的接口。

（10）GUI编程：Python支持GUI,并且可以创建和移植到许多系统进行调用。

4. Python程序的运行

Python解释器,它是一种让其他程序运行起来的程序。当用户编写了一段Python程序后,Python解释器将读取程序,并按照其中的命令执行,得出结果。实际上,解释器就是代码与机器的计算机硬件之间的软件逻辑层。

通俗来说,计算机是基于二进制进行运算的,无论用什么语言来编写程序或者无论程序编写得多么简单或复杂,最终交给计算机运行的一定是无数个0和1的组合,因为计算机只能识别0和1。

目前大多数编程语言都是高级程序语言,也就是利于人类阅读的语言。要使编写的程序能够在计算机上运行起来,要经过一定的转换才可以,Python程序大致运行的过程应该是这样：

源代码→字节码→PVM(虚拟机)→机器码

因此,从官方网站下载的Python语言编程开发环境,通常包括解释器、库文件以及简单的编码环境（IDLE）。Python将源代码编译成字节码其实是为了更节省程序运行的时间,如果源代码没有变动,那么运行程序时会直接从字节码读取,加快运行速度,再将字节码放到虚拟机中解释,可以更好地跨平台运行,最后转换成机器码。

9.1.2 Python开发环境安装与设置

由于版本不断变动,本节内容与真实情况可能存在一定的出入,但操作起来大同小异。

1. Python软件下载

Python最新源码、二进制文档以及相关信息等可以在Python的官网查看并下载,Python的官方网站地址是http://www.python.org/。还可以在以下链接中下载Python的文档,可以下载包括HTML、PDF和PostScript等格式的文档：https://www.python.org/doc/。

Python开发环境的下载过程如下。

（1）进入Python官网主页,如图9-1所示。

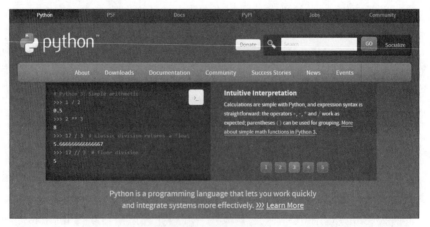

图9-1　Python官网主页

（2）可下载的版本包括 All releases、Source code、Windows、Mac OS X、Other Platforms 以及 License 等,其中 Source Code 可用于 Linux 系统的安装。

（3）以 Windows 系统为例,单击 Download Python 3.8.3 按钮即可进入下载页面,如图 9-2 所示。

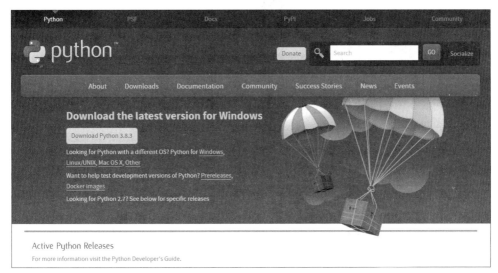

图 9-2　选择 Python 3.8.3 下载

（4）在 Windows 平台 Python 3.8.3 软件中,x86 版本表示 32 位操作系统;x86-64 版本表示 64 位操作系统,请根据实际情况选择需要下载的版本类型,如图 9-3 所示。

Files

Version	Operating System	Description	MD5 Sum	File Size	GPG
Gzipped source tarball	Source release		a7c10a2ac9d62de75a0ca5204e2e7d07	24067487	SIG
XZ compressed source tarball	Source release		3000cf50aaa413052aef82fd2122ca78	17912964	SIG
macOS 64-bit installer	Mac OS X	for OS X 10.9 and later	dd5e7f64e255d21f8d407f39a7a41ba9	30119781	SIG
Windows help file	Windows		4aeeebd7cc8dd90d61e7cfdda9cb9422	8568303	SIG
Windows x86-64 embeddable zip file	Windows	for AMD64/EM64T/x64	c12ffe7f4c1b447241d5d2aedc9b5d01	8175801	SIG
Windows x86-64 executable installer	Windows	for AMD64/EM64T/x64	fd2458fa0e9ead1dd9fbc2370a42853b	27805800	SIG
Windows x86-64 web-based installer	Windows	for AMD64/EM64T/x64	17e989d2fecf7f9f13cf987825b695c4	1364136	SIG
Windows x86 embeddable zip file	Windows		8ee09403ec0cc2e89d43b4a4f6d1521e	7330315	SIG
Windows x86 executable installer	Windows		452373e2c467c14220efeb10f40c231f	26744744	SIG
Windows x86 web-based installer	Windows		fe72582bbca3dbe07451fd05ece1d752	1325800	SIG

图 9-3　选择版本类型

2. Python 安装

Python 可以在许多平台上安装,例如 UNIX & Linux、Mac OS X、OS/2、DOS(多个 DOS 版本)以及 Windows 等。

接下来将以 Windows 系统为例,介绍 Windows 系统下构建 Python 开发设计与编程环境的具体方法和步骤。

1）安装 Python 开发环境

（1）双击安装文件进行安装,如图 9-4 所示。

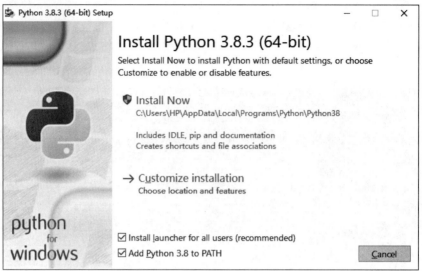

图 9-4　Python 软件安装引导界面

（2）勾选 Install launcher for all users（recommended）复选框为所有用户安装启动器（推荐）和 Add Python 3.8 to PATH 复选框添加 Python3.8 路径。

（3）选择 Customize installation（用户自定义安装）选项，如图 9-5 所示。

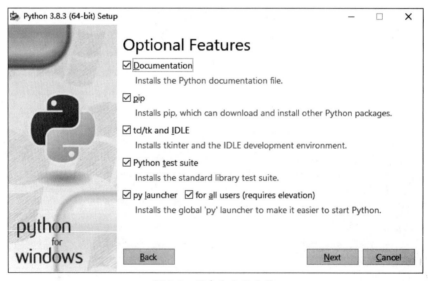

图 9-5　用户自定义安装

（4）勾选全部用户选项，单击 Next 按钮，即可显示安装路径，如图 9-6 所示。

（5）勾选 Install for all users 复选框将为所有用户安装，则安装路径自动显示为 C：\Porgram Files\Python38。否则，可以自定义安装路径，如图 9-7 所示。

（6）单击 Install 按钮进行安装，安装程序自动将 Python 软件安装到 C：\Python\Python38 路径下，如图 9-8 所示。

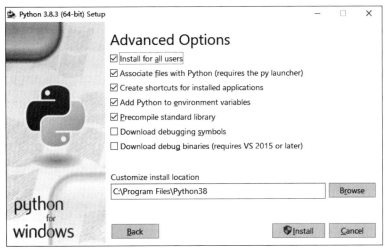

图 9-6　安装路径

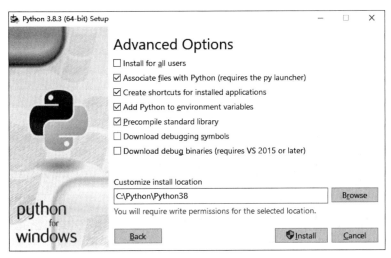

图 9-7　自定义安装路径

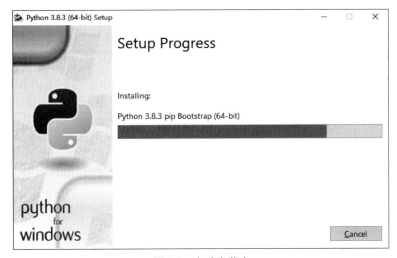

图 9-8　自动安装中

（7）自动安装完成后，单击 Close 按钮完成全部安装工作，如图 9-9 所示。

图 9-9　完成全部安装工作

测试 Python 软件是否安装正确，可按快捷键 Win+R，输入 cmd 调出命令提示符界面，输入 python，显示安装的 Python 软件的版本号则表示安装成功，如图 9-10 所示。

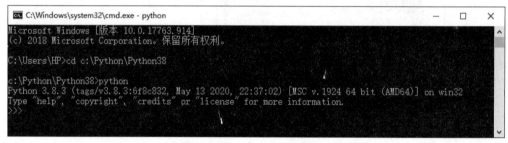

图 9-10　Python 软件安装成功

2）Python 环境变量设置

Python 的安装程序和可执行文件可以放置在任何目录下，而这些路径（Path）很可能不在操作系统提供的可执行文件的搜索路径中。路径存储在环境变量中，环境变量是由操作系统来维护的一个命名的字符串，这些变量包含可用的命令行解释器和其他程序的信息，可以通过以下两种方法设置环境变量。

（1）用命令提示符设置环境变量。

在环境变量中添加 Python 目录，可以在命令提示符窗口输入：

```
C:\Users\HP>path=%path%;C:\Python
```

然后按 Enter 键，显示的结果便是 Python 的安装路径，如图 9-11 所示。

（2）通过 Windows 操作系统设置环境变量。

① 选择"控制面板"→"系统和安全"→"系统"选项，如图 9-12 所示。

② 单击"高级系统设置"按钮显示"系统属性"对话框，其中包含性能设置、用户配置文件设置、启动和故障恢复设置以及环境变量设置等，如图 9-13 所示。

图 9-11　命令提示符窗口

图 9-12　系统界面

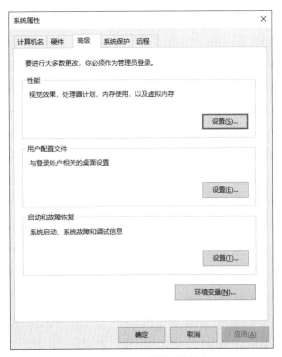

图 9-13　系统属性对话框

③ 单击"环境变量"按钮,显示"环境变量"对话框。通过对用户变量或系统变量中的 Path 变量进行编辑来修改 Python 的路径,如图 9-14 所示。

图 9-14　环境变量的编辑和路径修改

④ 设置成功以后,在命令提示符窗口中输入命令 python,可以显示相关信息。

在 Python 中,几个重要的环境变量的作用和意义如表 9-1 所示。

表 9-1　Python 中几个重要的环境变量

变 量 名	描 述
PYTHONPATH	PYTHONPATH 是 Python 搜索路径,默认 import 的模块都会从 PYTHONPATH 里面寻找
PYTHONSTARTUP	Python 启动后,先寻找 PYTHONSTARTUP 环境变量,然后执行此变量指定的文件中的代码
PYTHONCASEOK	加入 PYTHONCASEOK 的环境变量,就会使 Python 导入模块的时候不区分大小写
PYTHONHOME	另一种模块搜索路径,它通常内嵌于 PYTHONSTARTUP 或 PYTHONPATH 目录中,使得两个模块库更容易切换

9.1.3　PyCharm 集成开发环境安装

PyCharm 是由 JetBrain 公司开发设计的一款 Python 集成开发环境(integrated development environment,IDE),支持 macOS、Windows、Linux 等系统。PyCharm 是一

款功能强大的 Python 编辑器，具有跨平台性。它的功能主要包括调试、语法高亮、Project 管理、代码跳转、智能提示、自动完成、单元测试、版本控制等。

接下来介绍 PyCharm 在 Windows 系统中的安装过程。

由于版本变动，本节内容与真实情况可能存在一定的出入，但操作起来大同小异。

PyCharm 的下载地址为 https://www.jetbrains.com/pycharm/download/。

（1）打开 PyCharm 集成开发环境下载页面，可以找到 Professional（专业）和 Community（社区）两种版本，本书推荐安装社区版，因为它可供普通用户免费使用，如图 9-15 所示。

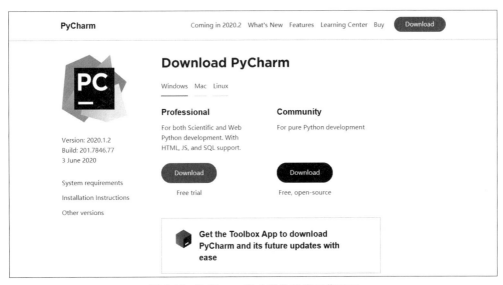

图 9-15　PyCharm 集成开发环境下载页面

（2）选择 Community 版进行下载。

（3）下载完毕后，双击安装文件开始安装。首先显示安装界面，单击 Next 按钮进入下一步，如图 9-16 所示。

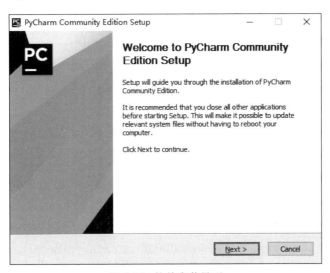

图 9-16　软件安装界面

（4）根据需要选择安装路径，单击 Next 按钮，如图 9-17 所示。

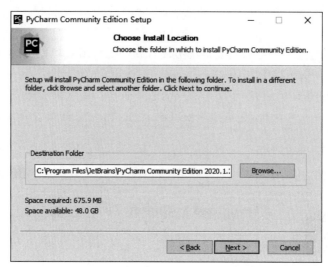

图 9-17　选择 PyCharm 安装路径

（5）根据需要选择，勾选 64-bit launcher 和.py 复选框，单击 Next 按钮，如图 9-18所示。

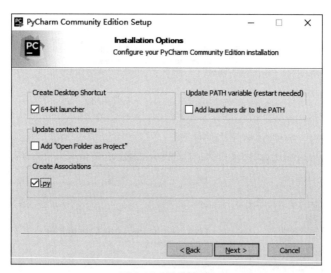

图 9-18　继续安装

（6）选择需要安装的主目录，单击 Install 按钮开始安装，如图 9-19 所示。

（7）显示正在安装的进度条，如图 9-20 所示。

（8）安装完成，单击 Finish 按钮即可，如图 9-21 所示。

（9）双击 PyCharm 图标，运行 PyCharm 集成开发环境。勾选"接受协议"单选按钮，单击 Continue 按钮继续，如图 9-22 所示。

（10）在数据共享界面，单击 Don't Send 或 Send Anonymous Statistics 按钮均可。这相当于一封调查问卷，询问用户是否愿意将信息发送给 JetBrains 公司来帮助他们提升产品的质量，如图 9-23 所示。

图 9-19 开始安装

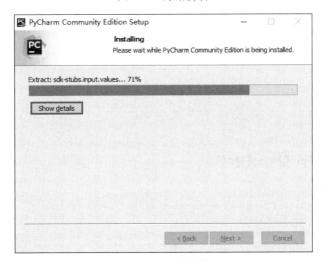

图 9-20 正在安装

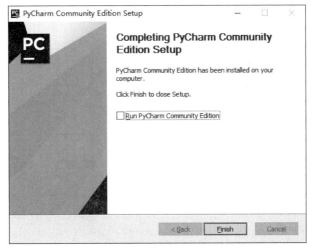

图 9-21 完成安装

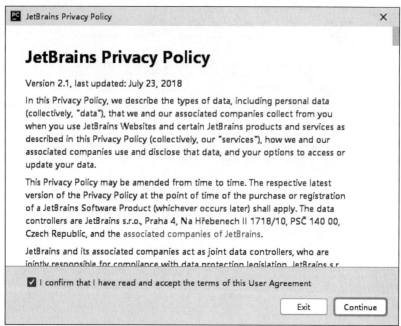

图 9-22　运行 PyCharm 集成开发环境

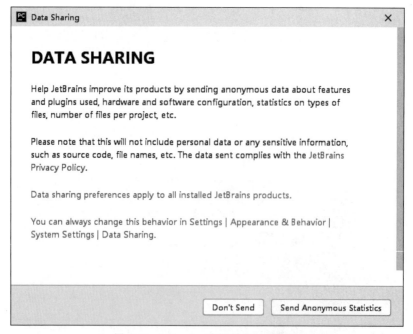

图 9-23　JetBrains 数据共享调查问卷

（11）进入 PyCharm 集成开发环境，如图 9-24 所示。

（12）对于 PyCharm 集成开发环境的 UI 界面，建议选择 Darcula 主题，这是常规的默认选择，该主题也更有利于保护视力。

（13）单击 PyCharm 集成开发环境右上角的▇图标或左下角的 Skip Remaining and

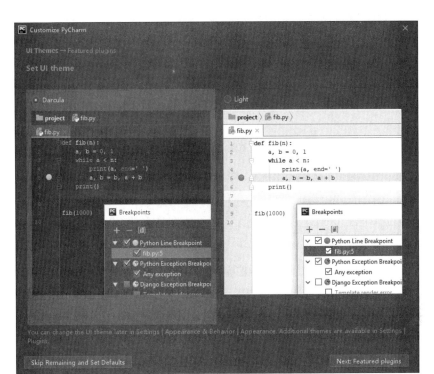

图 9-24　进入 PyCharm 集成开发环境界面

Set Defaults(跳过其余和设置默认值)按钮可以关闭当前界面。

（14）启动 PyCharm 集成开发环境界面如图 9-25 所示。

图 9-25　启动 PyCharm 集成开发环境界面

（15）单击 Create 按钮自动创建新的工程文件路径和名称，如图 9-26 所示。

（16）继续单击 Next Tip 按钮，如图 9-27 所示。

（17）PyCharm 集成开发环境工作界面如图 9-28 所示。

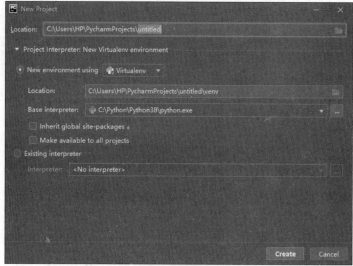

图 9-26　创建工程文件

图 9-27　单击 Next Tip 按钮

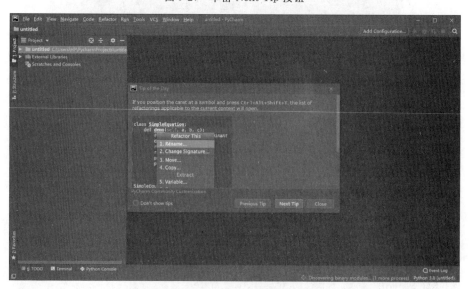

图 9-28　PyCharm 集成开发环境工作界面

9.2　VR-Blender-Python 开发环境

9.2.1　VR-Blender-Python 软件包安装与汉化

VR-Blender-Python 软件包大约每三个月释放一次,可以通过发行说明了解最新动态。VR-Blender 提供 Windows、macOS 以及 Linux 版本,其发行说明列出了最低及推荐配置,用户在安装 Blender 前需要确保满足这些条件,并及时检查确保显卡驱动为最新,且 OpenGL 支持正常。

Blender 提供了两种不同的二进制软件包,用户可以选择稳定发行版或者每日版。前者优势在于更加可靠;而处在开发阶段的后者则提供了最新的特性,代价则是开发环境的稳定性较差。

1. VR-Blender-Python 安装步骤

从官网下载适合计算机配置的版本软件。

(1) 双击 VR-Blender-Python 图标开始安装。

(2) 单击 Next 按钮,进入下一步。

(3) 在协议界面中,勾选"同意"复选框,单击 Next 按钮进入下一步。

(4) 设置安装路径,可以选择 C 盘或 D 盘。

(5) 单击 Install 按钮,开始自动安装。

(6) 安装完成之后,单击 Finish 按钮,结束安装。

2. VR-Blender-Python 汉化

(1) 启动 VR-Blender-Python 集成开发环境。

(2) 选择 File→User Preferences→System 选项。

(3) 勾选 International Fonts 单选按钮,在语言设置处选择"简体中文"选项。

(4) 单击对话框左下角的"保存用户设置"按钮。

(5) 关闭窗口即可。

9.2.2　VR-Blender-Python 环境构建

在 VR-Blender 虚拟仿真集成开发环境中,针对 VR-Blender 建模、渲染以及 Python 脚本编程等不同的工作方式提供了方便快捷的视图窗口布局方式。VR-Blender 还提供了一个预设的脚本布局,可以自定义视窗布局来满足程序编码的需求。

VR-Blender-Python 脚本环境界面包括文本编辑器(Text Editor)、Python 控制台(Python Console)、信息窗口(Info Window)以及 Blender 控制台(Blender Console)等,如图 9-29 所示。

1. 文本编辑器

文本编辑器主要用于编辑、加载和保存 Python 脚本文件,可以编辑 Python 脚本文件,如行编号和语法高亮等。通过窗口类型菜单的选择或按快捷键 Shift+F11 即可进入

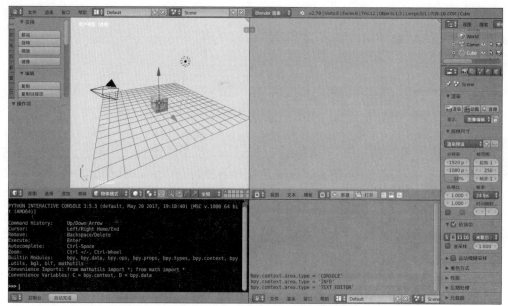

图 9-29　VR-Blender-Python 脚本环境界面

该编辑窗口,如图 9-30 所示。

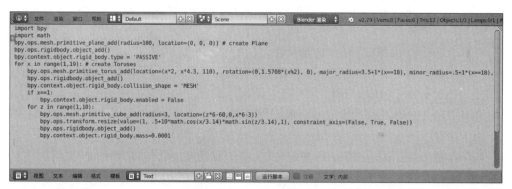

图 9-30　文本编辑器

在图 6-17 所示的工具栏 3 中,选择"动画时间线"→"文本编辑器"→"新建"选项或按快捷键 Shift＋F11 即可打开文本编辑器。此时文本编辑器下方的工具栏中的功能较少,当创建或者打开一个文本文件时,会出现更多选项,如视图、文件、编辑、格式、模板、打开文本、文本功能选项、运行脚本、注册文字等。

文本编辑器下方工具栏各种工具的功能解析如下。

(1) 视图。包含文件底部、文件顶部、属性功能。文件底部可以将视图和光标移动到文本的末尾,快捷键为 Ctrl＋End;文件顶部可以将视图和光标移动到文本的开头,快捷键为 Ctrl＋Home;属性可以切换文本属性栏的显示模式,快捷键为 Ctrl＋T。

(2) 文本。包括创建文本块、打开文本块、重载、保存、另存为、加载为内部文件、运行脚本等功能。创建文本块,即创建一个新的内部文本;打开文本块,即打开文件浏览器,载入一个文本,快捷键为 Alt＋O;重载,即重新打开(重新载入)当前的文本缓存(会丢失所有未保存的修改),快捷键为 Alt＋R;保存,即保存已打开文件,快捷键为 Alt＋S;另存为,即打开文件浏览器,保存未保存文本为文本文件,快捷键为 Shift＋Ctrl＋Alt＋S;加载为内部文件,是将文本存储在混合文件中;运行脚本,即执行文本作为 Python 脚本,快捷键为 Alt＋P。

（3）编辑。包括剪切、复制、粘贴、复制行、将行上移、将行下移、选择、跳转、查找、文本自动补全、将文本转换为 3D 物体等功能。剪切,即剪切选中文本至文本剪贴板,快捷键为 Ctrl＋X;复制,即复制选中文本至文本剪贴板,快捷键为 Ctrl＋C;粘贴,即粘贴剪贴板中的文本至文本窗口中的光标所在位置,快捷键为 Ctrl＋V;复制行,即复制当前行,快捷键为 Ctrl＋C。将行上移,即交换当前行与上一行的位置,快捷键为 Shift＋Ctrl＋Up;将行下移,即交换当前行与下一行的位置,快捷键为 Shift＋Ctrl＋Down;选择,包含全选和连接行号,全选的快捷键为 Ctrl＋A,连接行号的快捷键为 Shift＋Ctrl＋A;跳转,即显示跳转弹出窗口,可以选择跳转到的行号;查找,即在侧栏中显示查找面板;文本自动补全,即显示文本中已有的匹配文字供用户选择,快捷键为 Ctrl＋Space;将文本转换为 3D 物体,包含单一物体和每行生成一个物体。

（4）格式,包含缩进、取消缩进、注释、取消注释、转换空格等功能。缩进,即缩进选中行,快捷键为 Tab;取消缩进,即缩进选中行,快捷键为 Shift＋Tab;注释,将所选行转换为 Python 注释;取消注释,取消所选行的注释;转换空格,在标签或空格缩进之间转换。

（5）模板,包括 Python 和开放式着色语言（OSL）。

（6）工具栏中部的三个白色按钮主要用于切换显示状态,即行编号、文本换行和语法高亮;运行脚本,单击该按钮将执行文本作为 Python 脚本,快捷键为 Alt＋P;选择"注册"单选按钮,则注册当前文本数据块为模块,扩展名必须为 ＊.py。

2. Python 控制台

Python 控制台是主要用于编辑、加载和保存 Python 脚本文件的标准文本编辑器。可以进行一些标准的命令、计算以及相应的操作,与文本编辑器配合使用。Python 控制台是一个方便的工具,可以更快捷、更有效地编写代码,如图 9-31 所示。

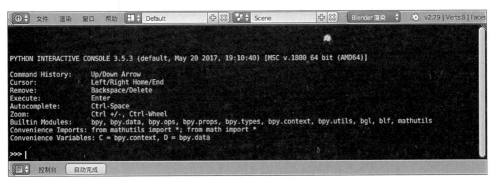

图 9-31　Python 控制台

Python 控制台因其对 Python API 历史记录的完整访问而成为一条快速执行命令的途径。可以先通过控制台来探索运行脚本的各种可能性,然后将脚本粘贴到更复杂的脚本中。

可以通过选择动画时间线→Python 控制台选项访问内置的 Python 控制台。或在任何 Blender 编辑器类型,如 3D 视图编辑器、动画时间线等窗口内,按快捷键 Shift＋F4 可以将其切换为 Python 控制台编辑器。命令提示符使用常用的 Python 3.x 版本,解释器已加载并准备接受提示符>>>后的命令。

3. 信息窗口

信息窗口将 3D 视图所有最近的各种设计操作活动显示为可执行的 Python 命令。这对于使用建模方法对程序流程进行原型设计具有非常大的帮助,然后可以非常方便地将其组装到脚本中。信息窗口如图 9-32 所示。

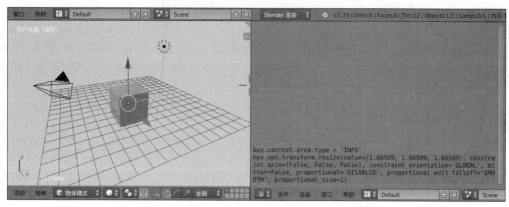

图 9-32　信息窗口

4. Blender 控制台

Blender 控制台只是一个命令提示符窗口。大多数情况下,在测试时使用它来显示打印输出的内容。Blender 控制台设计如图 9-33 所示。

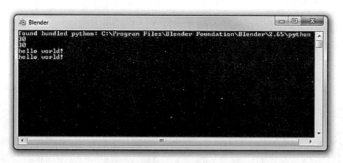

图 9-33　Blender 控制台设计

9.2.3　Python 控制台编辑设计

通过编辑设计 Python 控制台可以控制 3D 模型的基本数据类型、域值以及参数等。

(1) 启动 Blender,显示默认立方体。

(2) 在 Python 控制台窗口中,选择"文件"→"用户设置"→"主题"→"Python 控制台"选项,设置窗口背景=1.0 1.0 1.0 白色,行输入=0.0 0.0 0.0 黑色,如图 9-34 所示。

(3) 在提示符>>>后输入 dir()并执行,可以检测已经加载的 Python 控制台解释器环境模块,如图 9-35 所示。

Python 控制台提供了一个"自动完成"功能,显示 Blender Python API 脚本应用程

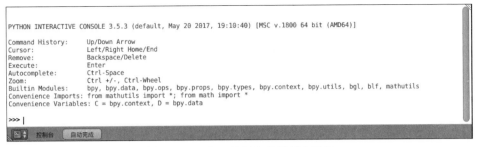

图 9-34　Python 控制台背景颜色改变

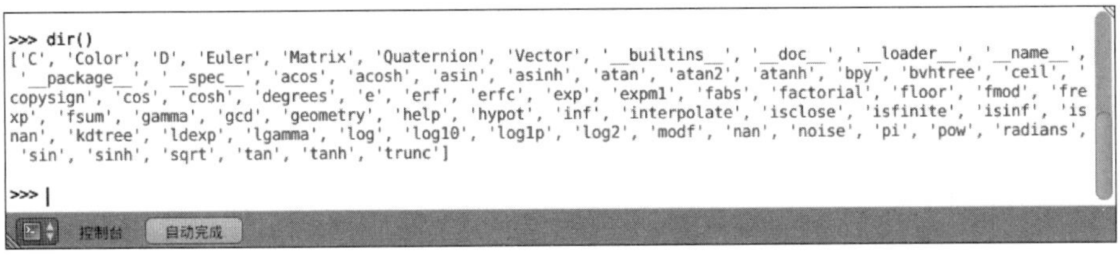

图 9-35　执行 dir()命令

序接口命令集。其中,bpy 命令的全称为 Blender Python API,是 Blender 使用 Python 与系统执行数据交换以及功能调用的接口模块。通过调用这个模块的函数,一般来说可以实现以下功能:代替界面操作去完成对物体的修改,如修改网格属性或添加修改器;自定义系统的相关配置,如重设快捷键或修改主题的色彩;自定义工具的参数配置,如自定义雕刻笔刷的参数。自定义用户界面,如修改面板的外观和按钮的排列效果;创建新的工具,如 Surface Sketching(表面绘制)工具;创建交互式工具,如游戏的逻辑脚本;创建与外置渲染器的接口调用程序,如配置 VRay 等外置渲染器。

（1）在提示符>>>后输入 bpy. 并执行,然后单击"自动完成"按钮或者按快捷键 Ctrl+Space,会看到控制台的自动补全功能已经生效。显示 bpy 子模块的列表,这些模块是一组非常强大的工具,如图 9-36 所示。

图 9-36　bpy 命令接口模块函数

（2）用同样的方法列出 bpy.app 等模块的所有内容。执行命令后可以看到绿色的输出内容,它们是自动补全功能列出的可能结果,以上列表中所列出的内容都是模块属性名称和函数名。

Python 控制台中 bpy.context 命令的执行结果有以下几种形式。

（1）bpy.context.mode 命令:显示当前 3D 视图所处于的模式,如物体模式、编辑模式、雕刻模式等。

（2）bpy.context.object 或 bpy.context.active_object 命令:获得对 3D 视图编辑器中当前活动对象的访问。

（3）bpy.context.selected_objects 命令:访问"选择"功能内的对象列表,可以同时选择多个对象。

（4）bpy.context.selected_objects[0]命令:访问列表中第一个对象的名称。

使用 bpy.context 命令控制 3D 物体移动的实例如下。

（1）在提示符>>>后输入 bpy.context.object.location.x＝2，将物体向 X 轴正方向移动 2 个单位。

（2）在提示符>>>后输入 bpy.context.object.location.x ＋＝ 3，将物体从前一个位置继续向 X 轴正方向移动 3 个单位。

（3）3D 物体从坐标原点移动到 X＝5 的位置，如图 9-37 所示。

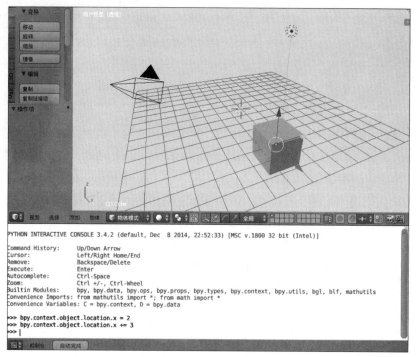

图 9-37　移动物体

使用 bpy.context 命令修改 3D 物体坐标位置的实例如下。

（1）在提示符>>>后输入 bpy.context.object.location ＝ (1,2,3)，将修改物体 X、Y、Z 坐标位置。

（2）在提示符>>>后输入 bpy.context.object.location.xy ＝ (5,−5)，只修改 X、Y 分量坐标位置。

（3）在提示符>>>后输入 type(bpy.context.object.location)，将获得物体位置的数据类型。

（4）在提示符>>>后输入 bpy.context.selected_objects，可以访问所有选定对象的全部列表。

（5）在提示符>>>后输入 dir(bpy.context.object.location)，可以访问到更多的数据。

（6）3D 物体从原点移动到(1,2,3)坐标位置，再从该点移动到(5,−5)坐标位置，并获得物体位置的数据类型，接着显示所有选定对象的列表，如图 9-38 所示。

bpy.data 具有访问.blend 文件中所有数据的函数和属性，如对象、网格、材质、纹理、场景、窗口、声音、脚本等。

使用 bpy.data 命令获得对象、场景和材质等信息的实例如下。

（1）在提示符>>>后输入 bpy.data.objects，将获得数据对象信息。

（2）在提示符>>>后输入 bpy.data.scenes，将获得数据场景信息。

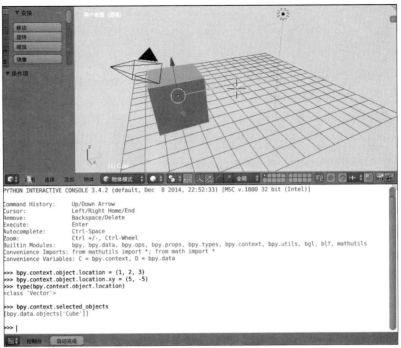

图 9-38　移动物体并获取相关信息

（3）在提示符>>>后输入 bpy.data.materials，将获得数据材质信息，如图 9-39 所示。

图 9-39　获得相关信息

通过集合中的方法添加和删除数据的案例如下。

（1）在提示符>>>后输入 mesh＝bpy.data.meshes.new(name＝"MyMesh")，添加网格数据信息。

（2）在提示符>>>后输入 print(mesh)，将显示打印网格信息。

（3）在提示符>>>后输入 bpy.data.meshes.remove(mesh)，删除网格数据信息。

（4）在提示符>>>后输入 print(mesh)，将显示打印网格信息，如图 9-40 所示。

图 9-40　添加和删除数据

9.2.4 Blender 脚本

插件是在 Blender 中用于扩展功能的脚本,可以在用户设置中启用。在 Blender 执行程序以外,还有大量人为编写的插件。

(1) Blender 会捆绑一些官方插件。

(2) Blender 开发版会包含一些还在测试中的插件,而官方正式版则不会有。这些插件中很多都可以帮助可靠工作且非常有用,但无法保证在正式版中的稳定性。

除了插件,还有其他可以用来扩展 Blender 功能的脚本。

(1) 模块:用于导入其他脚本的实用工具库。

(2) 预设:Blender 工具和关键配置的设置。

(3) 启动文件:启动 Blender 时载入的文件,这些文件定义了大多数 Blender 的用户界面和一些附带的核心操作。

(4) 自定义脚本:与插件不同,它们往往是通过文本编辑器编写的一次性脚本。

Blender 所有脚本都从本地、系统和用户路径下的 scripts 文件夹中载入。

可以在文件路径、用户设置、文件路径设置额外的脚本查找路径。

通过 Blender 用户设置可以很方便地安装插件。手动安装脚本或插件时,可视具体类型将其放置到 add-ons、modules、presets 或 startup 目录下,还可以在文本编辑器中载入并运行脚本。

9.3 Python 语法

Python 的语法主要涵盖 Python 的基本数据类型、数字、字符串、元组类型、列表、字典、集合类型、运算符以及日期和时间等。

9.3.1 Python 基础语法

Python 语言与 Perl、C 和 Java 等语言有许多相似之处,但也存在一些差异。学习 Python 的基础语法,可以让读者快速学会 Python 编程,使用 VR-Blender 虚拟仿真集成开发环境,利用 Python 控制台和文本编辑器来编写 Python 虚拟现实人工智能程序。

在默认情况下,Python 源程序代码文件以 UTF-8 编码的形式书写,所有字符串都使用 Unicode 编码表示。如果需要修改 Python 源程序代码文件,可以为源程序代码文件指定不同的编码,如在 Python 源程序代码文件中,使用 Windows-1252 字符集中的字符编码,适应语言为保加利亚语、白罗斯语、马其顿语、俄语、塞尔维亚语等,示例如下。

在 Python 控制台输入如下代码:

```
>>># - * - coding: cp-1252 - * -
>>>
```

Python 标识符的第一个字符必须是字母表中字母或下画线"_",标识符的其他的部分由字母、数字和下画线组成,标识符区分大小写字母。

　　Python 的保留字即关键字,在编写程序时,不能把保留字用作任何标识符名称。Python 的标准库提供了一个 keyword 块,可输出当前版本的所有关键字,示例代码如下:

```
>>> import keyword
>>> keyword.kwlist
['False', 'None', 'True', 'and', 'as', 'assert', 'break', 'class', 'continue', 'def',
'del', 'elif', 'else', 'except', 'finally', 'for', 'from', 'global', 'if', 'import', 'in',
'is', 'lambda', 'nonlocal', 'not', 'or', 'pass', 'raise', 'return', 'try', 'while',
'with', 'yield']
```

　　Python 的注释分为单行注释和多行注释。单行注释以 ♯ 开头;多行注释可以用多个 ♯ 号开头,也可以用 3 个单引号'''或者 3 个双引号"""将注释括起来。

　　单行注释的示例代码如下:

```
>>>#这是一个单行注释
>>>print("这是一个单行注释")
这是一个单行注释
```

　　多行注释(用 3 个单引号''')的示例代码如下:

```
>>> '''
... 这是多行注释,用 3 个单引号
... 欢迎使用,Python!!!
... 虚拟现实与人工智能开发与设计
... '''
'\n 这是多行注释,用 3 个单引号\n 欢迎使用,Python!!! \n 虚拟现实与人工智能开发与设计\n'
```

　　多行注释(用 3 个双引号""")的示例代码如下:

```
>>> """
... 这是多行注释,用 3 个双引号
... 欢迎使用,Python!!!
... 虚拟现实与人工智能开发与设计
... """
'\n 这是多行注释,用 3 个双引号\n 欢迎使用,Python!!! \n 虚拟现实与人工智能开发与设计\n'
```

　　Python 与其他语言最大的区别就是,Python 的代码块不使用花括号({})来控制函数、类以及其他逻辑判断。Python 缩进的空格数量是可变的,但是其所有程序代码块语句必须包含相同的缩进空格数量,这个是严格执行的,通常缩进空格数量默认为 4 个。一段 if 语句条件判断源程序代码的示例如下。

　　在 Python 控制台输入如下代码并显示结果:

```
>>>if True:
...     print("True")
... else:
...     print("False")
...
True
```

　　在通常情况下,Python 是一行写完一条语句的,如果语句很长,可以使用反斜线(\)来实现多行语句的书写。在程序中使用[]、{}或()包括的多行语句,则不需要使用反斜线来换行,示例代码如下:

```
>>>total =['man_one', 'man_two', 'man_three',
...        'man_four', 'man_five']
>>> total
['man_one', 'man_two', 'man_three', 'man_four', 'man_five']
```

9.3.2　Python 基本数据类型

Python 的基本数据类型包含 Number(数字)、String(字符串)、Tuple(元组)、List(列表)、Dictionary(字典)以及 Set(集合)等。这些基本数据类型的数据需要放置在存储中,这样就产生了变量的概念。

Python 变量是指存储在内存中的值,在创建变量时会在计算机内存中开辟一个空间。基于变量不同的数据类型,解释器会分配指定内存,并决定什么数据可以被存储在内存中。因此,变量可以指定不同的数据类型,这些变量可以存储整数、小数或者字符串等。

Python 中的变量赋值不需要类型声明。每个变量都在内存中被创建,包括变量的标识、名称和数据等信息。每个变量在使用前都必须赋值,变量赋值以后该变量才会被创建。等号(=)用来给变量赋值。等号运算符左边是一个变量名,右边则是存储在变量中的值,示例代码如下:

```
>>>number1 = 2020                        #整型变量
>>> number2 = 3.1415926                  #浮点型变量
>>> name = "Python 虚拟现实人工智能编程 "   #字符串
>>> print(number1)
2020
>>> print(number2)
3.1415926
>>> print(name)
Python 虚拟现实人工智能编程
```

Python 允许同时为多个变量赋值,为 3 个变量同时赋值的示例代码如下:

```
>>>a = b = c = 100
>>> print(a,b,c)
100 100 100
```

为 3 个变量分别赋值的示例代码如下:

```
>>>a,b,c = 10,9.8,'Python 虚拟现实人工智能编程'
>>> print(a,b,c)
10 9.8 Python 虚拟现实人工智能编程
```

1. 数字、字符串及元组类型

1) 数字类型

Python 数字类型主要涵盖整型(int)、浮点型(float)以及复数(complex)3 种。

整型通常也被称为整数,可以是正或负整数,不带小数点。在 Python 3.x 中,整型是不限制大小的,可以当作 long(长整型)使用。

浮点型也叫浮点数,由整数部分与小数部分组成,浮点型也可以使用科学记数法表示(如 $2.5e2 = 2.5 \times 10^2 = 250$)。

复数由实数部分和虚数部分构成，可以用 a ＋ bj 或者 complex(a,b)的形式表示，复数的实部 a 和虚部 b 都是浮点型。

Python 的数字数据类型用于存储数值。数据类型一旦确定是不允许改变的，如果改变数字数据类型的值，将重新分配内存空间。

在变量赋值时，整型和浮点型数字类型创建过程的示例代码如下：

```
>>> number1 = 20200208
>>> number2 = 123.4567890
>>> print(number1,number2)
20200208 123.456789
```

在变量赋值时，复数数字类型创建过程的示例代码如下：

```
>>> a = 10.0
>>> b = 5.0
>>> complex(a,b)
(10+5j)
```

Python 中将十六进制和八进制转换为十进制的方法，是在十六进制数前加前缀 0x，在八进制数前加前缀 0o。

在变量赋值时，十六进制转换为十进制的示例代码如下：

```
>>> number1 = 0xA0F        #十六进制
>>> print(number1)
2575
```

在变量赋值时，八进制转换为十进制的示例代码如下：

```
>>> number2 = 0o37        #八进制
>>> print(number2)
31
```

而从二进制转换为十进制则有以下几种方式。

一种是在二进制数前加上前缀 0b，二进制数会自动转换为十进制数据类型，示例代码如下：

```
>>> x = 0b10000000
>>> print(x)
128
```

如果是字符串，可以利用 eval()函数求值，示例代码如下：

```
>>> x = eval('0b00001111')
>>> x
15
```

利用 int()函数也可以强制将二进制转换为十进制数据类型，此时可以使用 0b 为前缀，也可以不使用，示例代码如下：

```
>>> int('11001111',base=2)        #将 base 进制的字符串的二进制转换为十进制
207
>>> int('0b11110011',2)        #以 0b 为前缀的字符串的二进制转换为十进制
243
```

有时需要对数据内置的类型进行强制转换，此时，只需要将转换方向的数据类型作

为函数名对数据进行转换即可,例如:

int(x)将 x 转换为一个整数;

float(x)将 x 转换为一个浮点数;

complex(x)将 x 转换为一个复数,实数部分为 x,虚数部分为 0;

complex(x,y)将 x 和 y 转换为一个复数,实数部分为 x,虚数部分为 y,x 和 y 是数字表达式。

在变量赋值时,将浮点数变量 a 强制转换为整数,示例代码如下:

```
>>> a = 12345.6789
>>> int(a)
12345
```

Python 智能解释器可以作为一个简单的计算器,进行加、减、乘、除以及求余等运算。在解释器里输入一个表达式,将输出表达式的值,表达式中可以直接输入＋、－、* 、/ 和％等运算符号(提示:在不同的机器上浮点运算的结果可能会不一样),示例代码如下:

```
>>> 28 + 95 - 15          #加减运算
108
>>> 60 * 5+20/2-10        #加减乘除运算
300.0
>>> 10%7                  #取余运算
3
>>> 17//3                 #取整运算
5
>>> 2 * * 8               #2的8次方运算
256
```

常用的数学函数包含 abs(x)(求整数的绝对值)、ceil(x)(向上取整)、cmp(x,y)(比较)、exp(x)(幂运算)、fabs(x)(求浮点数的绝对值)、floor(x)(向下取整)等。

而随机数函数可以用于数学、科学计算、游戏设计、计算机安全等领域中,还经常被嵌入到复杂的算法中,用以提高算法效率和程序的安全性。

Python 中还包括主要的三角函数,如 sin(x)(正弦函数)、cos(x)(余弦函数)、tan(x)(正切函数)、asin(x)(反正弦函数)、acos(x)(反余弦函数)、atan(x)(反正切函数)以及 hypot(x,y)(欧几里得范数)等。

2) 字符串类型

字符串是 Python 中最常用的数据类型,一般使用单引号(')或双引号(")来创建字符串,创建字符串只要为变量分配一个值即可。

在变量赋值时,创建字符串的示例代码如下:

```
>>> var1 = 'VR-Python 虚拟现实人工智能编程'
>>> var2 = "X3D-VR-AI X3D 虚拟现实人工智能技术"
>>> var1
'VR-Python 虚拟现实人工智能编程'
>>> var2
'X3D-VR-AI X3D 虚拟现实人工智能技术'
```

Python 支持单字符类型,单字符在 Python 中也是作为一个字符串使用的。Python 访问子字符串时,可以使用方括号来截取字符串,示例代码如下:

```
>>> var1 = 'VR-Python 虚拟现实人工智能编程'
>>> var2 = "X3D-VR-AI X3D 虚拟现实人工智能技术"
>>> print('var1[0]:',var1[0])
var1[0]: V
>>> print("var2[10:23]:",var2[10:23])
var2[10:23]: X3D 虚拟现实人工智能技术
```

Python 可以通过截取与拼接字符串，实现字符串的更新设计，示例代码如下：

```
>>> var2 = "X3D-VR-AI X3D 虚拟现实人工智能技术"
>>> print('已更新字符串:',var2[:23] + "是前沿科技")
已更新字符串: X3D-VR-AI X3D 虚拟现实人工智能技术是前沿科技
```

转义字符是 Python 在字符的使用和程序设计过程中需要用到的特殊字符，通常用反斜线(\)实现转义字符的设计。

Python 的字符串运算符包含字符串连接、重复输出字符串、获取字符串、截取字符串以及成员运算符设计等。

设置 a='VR-X3D',b="Python"，对字符串 a、b 进行连接、重复输出运算、字符串截取、成员运算符、if 语句条件判断以及打印输出等操作，示例代码如下：

```
>>> a = 'VR-X3D'
>>> b = "Python"
>>> print("a + b 输出结果: ", a + b)
a + b 输出结果:  VR-X3DPython
>>> print("a * 2 输出结果: ", a * 2)
a * 2 输出结果:  VR-X3DVR-X3D
>>> print("a[0] 输出结果: ", a[0])
a[0] 输出结果:  V
>>> print("a[0:6] 输出结果: ", a[0:6])
a[0:6] 输出结果:  VR-X3D
>>>
>>> if("V" in a) :
...     print("V 在变量 a 中")
... else :
...     print("V 不在变量 a 中")
...
V 在变量 a 中
>>> if("X" not in b) :
...     print("X 不在变量 b 中")
... else :
...     print("X 在变量 b 中")
...
X 不在变量 b 中
>>> print(r'\n')
\n

>>> print(R'\n')
\n
```

Python 字符串输出包含字符串格式化输出和 format 格式化输出。字符串格式化输出采用占位符的方式，在相应的位置插入％符号，如果是字符占位，则插入％s；如果是数字占位，则插入％d。format 格式化输出不采用％占位，而是在相关位置插入{}符号。

Python 字符串格式化输出的示例代码如下：

```
>>> print("国籍: %s 姓名: %s 年龄: %d 岁!!!" %("中国",'童童', 10))
国籍: 中国 姓名: 童童 年龄: 10 岁!!!
>>>
```

Python format 格式化输出的示例代码如下：

```
>>> a="欢迎您,{},当前第{}次访问!!!"
>>> b=a.format("VR-Python 虚拟现实人工智能技术",1)
>>> print(b)
欢迎您,VR-Python 虚拟现实人工智能技术,当前第 1 次访问!!!
```

在 Python 2.x 中，普通字符串是以 8 位 ASCII 码的形式进行存储的，而 Unicode 字符串则存储为 16 位的 Unicode 字符串，这样能够表示更多的字符集。使用的语法是在字符串前面加上前缀 u。

Python 中常见的字符串内建函数有以下几种。

count()函数用于统计字符串中某个字符出现的次数，可选参数为字符串查找的开始与结束位置。

用 count(str,beg＝0,end＝len(string))函数统计字符串中出现某个字符的次数，示例代码如下：

```
>>> str = "VR-Python 虚拟现实人工智能编程"
>>> #统计 str 中字母 VR 的个数
>>> print(str.count('VR'))
1
>>> #统计 str 中,从第 12+1 个到最后一个字符中字母 VR 的个数
>>> print(str.count('VR',12,len(str)))
0
```

index()函数用于检测字符串中是否包含指定字符串或特殊字符串，可以在指定范围内检查，如果包含指定字符串，则返回开始的索引值；反之，则提示错误信息。

用 index(str,beg＝0,end＝len(string))函数检测字符串中是否包含指定字符串，示例代码如下：

```
>>> str = "VR-Python 虚拟现实人工智能编程"
>>> #检测 str 中是否包含指定字符串'VR-Python'
>>> print(str.index('Python'))
3
>>> #检测 str 中是否包含指定字符串'虚拟现实'
>>> print(str.index('虚拟现实'))
10
```

replace()函数用于将字符串中原字符替换成新字符，如果指定替换次数为 count，则替换次数不会超过 count 次，该函数返回替换后的新字符串。

用 replace(old,new [,max])函数替换字符，示例代码如下：

```
>>> str = "VR-Python 虚拟现实人工智能编程"
>>> str1 = '虚拟现实人工智能编程'
>>> str2 = 'X3D 虚拟现实人工智能技术'
>>> print(str.replace(str1,str2))
VR-Python X3D 虚拟现实人工智能技术
>>>
```

lower()函数将字符串中所有字母转换成小写，该函数无参数，示例代码如下：

```
>>> str = "X3D-VR-AI X3D 虚拟现实人工智能技术"
>>> print(str.lower())
x3d-vr-ai x3d 虚拟现实人工智能技术
>>>
```

upper()函数将字符串中的所有字母转换成大写字母,该函数无参数,示例代码如下:

```
>>> str = "vr-python 虚拟现实人工智能编程"
>>> print(str.upper())
VR-PYTHON 虚拟现实人工智能编程
```

3) 元组类型

元组是 Python 中常用的数据类型。元组也是序列类的容器,元组使用圆括号对其元素进行标识。元组中的元素不能修改,是不可变对象。

元组的创建很简单,只需要在括号中添加元素,并使用逗号隔开即可。

元组与字符串类型,下标索引从 0 开始,可以进行截取、组合等操作。元组相当于只读列表,在列表上的所有查询操作都应用于元组上。

Python 元组中常用的数据类型,示例代码如下:

```
>>> tup1 = ('VR-Python', '虚拟现实人工智能编程', 'X3D 虚拟现实人工智能技术')
>>> tup2 = (1, 2, 3, 4, 5)
>>> tup3 = "a", "b", "c", "d"          #不需要括号也可以
>>> type(tup1)
<class 'tuple'>
>>>
```

创建一个空元组,示例代码如下:

```
>>> tup1 = ()
>>> tup1
()
```

如果元组中只包含一个元素时,则需要在元素后面加一个逗号,例如 tup1=(80,),示例代码如下:

```
>>> tup1 = (80)
>>> type(tup1)                         #不加逗号,类型为整型
<class 'int'>
>>> tup1 = (80,)
>>> type(tup1)                         #加上逗号,类型为元组
<class 'tuple'>
>>>
```

可以使用下标索引来访问元组中的值,示例代码如下:

```
>>> tup1 = ('VR-Python', '虚拟现实人工智能编程', 'X3D 虚拟现实人工智能技术')
>>> tup2 = (1, 2, 3, 4, 5,'a','b','c')
>>> print("tup1[0]: ", tup1[0])
tup1[0]: VR-Python
>>> print("tup2[1:8]: ", tup2[1:8])
tup2[1:8]: (2, 3, 4, 5, 'a', 'b', 'c')
>>>
```

元组中的元素值是不允许修改的,但可以对元组进行连接组合,示例代码如下:

```
>>> tup1 = ('VR-Python', '虚拟现实人工智能编程','X3D 虚拟现实人工智能技术')
>>> tup2 = (1, 2, 3, 4, 5,'X','Y','Z')
>>> tup3 = tup1 + tup2
>>> print(tup3)
('VR-Python', '虚拟现实人工智能编程', 'X3D 虚拟现实人工智能技术', 1, 2, 3, 4, 5, 'X', 'Y', 'Z
')
```

元组中的元素值是不允许删除的,但可以使用 del 语句来删除整个元组数据,示例代码如下:

```
>>> tup1 = (1, 2, 3, 4, 5,'X','Y','Z')
>>> tup2 = ('VR-Python', '虚拟现实人工智能编程','X3D 虚拟现实人工智能技术')
>>> print(tup1)
(1, 2, 3, 4, 5, 'X', 'Y', 'Z')
>>> del tup1
>>> print("删除后的元组 tup1 : ")
删除后的元组 tup1:
>>> print(tup1)    #提示错误信息
Traceback (most recent call last):
  File "<blender_console>", line 1, in <module>
NameError: name 'tup1' is not defined
>>> print(tup2)
('VR-Python', '虚拟现实人工智能编程', 'X3D 虚拟现实人工智能技术')
>>>
```

元组的运算符与字符串的一样,元组之间可以使用＋和＊进行运算。元组通过组合、复制和运算后会生成一个新的元组。

元组也是一个序列,因此可以访问元组中指定位置的元素,也可以截取索引中的一段元素。

元组索引和截取运算的示例代码如下:

```
>>> T = ('VR-Python', 'X3D 虚拟现实','人工智能技术')
>>> T[0]
'VR-Python'
>>> T[-2]
'X3D 虚拟现实'
>>> T[1:]
('X3D 虚拟现实', '人工智能技术')
>>>
```

元组的内置函数包括 len(tuple)(计算元组元素个数)、max(tuple)(返回元组中元素最大值)、min(tuple)(返回元组中元素最小值)以及 tuple(iterable)(将可迭代系列转换为元组)等。

用 len(tuple)函数计算元组中元素的个数,示例代码如下:

```
>>> tuple = ('VR-Python', 'X3D 虚拟现实','人工智能技术')
>>> len(tuple)
3
>>>
```

用 max(tuple)和 min(tuple)函数分别返回元组中元素的最大值和最小值,示例代码如下:

```
>>> tuple = ('1','2','3','4','5', '6','7', '8','9')
>>> max(tuple)
'9'
>>> tuple = ('1','2','3','4','5', '6','7', '8','9')
>>> min(tuple)
'1'
>>>
```

用 tuple(iterable)函数将列表转换为元组,示例代码如下:

```
>>> list1 = ['VR-Python','X3D 虚拟现实','人工智能技术']
>>> tupe = tuple(list1)
>>> tupe
('VR-Python', 'X3D 虚拟现实', '人工智能技术')
>>>
```

2. 列表、字典及集合类型

1) 列表类型

列表是 Python 中的基本数据结构。列表中的每个元素都分配一个位置或索引,第一个索引是 0,第二个索引是 1,以此类推。Python 有 6 个内置的数据类型,其中包括数字、字符串、元组、列表、集合以及字典,但最常见的是列表和元组。

列表可以用方括号进行标识,其中的元素用逗号分隔,列表中的数据项可以具有不同的数据类型。列表可以进行的操作包括索引、切片、加、乘以及检查成员等,此外,Python 已经内置了确定列表的长度以及确定其中最大和最小的元素的方法。

创建 3 个列表,分别向其中添加不同的数据类型,示例代码如下:

```
>>> list1 = [2020,'X3D-VR-Python','虚拟现实人工智能技术'];
>>> list1
[2020, 'X3D-VR-Python', '虚拟现实人工智能技术']
>>> list2 = [1, 2, 3, 4, 5 ,'@','#','$ ','%','&'];
>>> list2
[1, 2, 3, 4, 5, '@', '#', '$ ', '%', '&']
>>> list3 = ["a", "b", "c", "d"];
>>> list3
['a', 'b', 'c', 'd']
>>>
```

可以使用下标索引来访问列表中的值,也可以使用方括号的形式截取字符,示例代码如下:

```
>>> list1 = [2020,'X3D-VR-Python','虚拟现实人工智能技术'];
>>> list2 = [1, 2, 3, 4, 5 ,'@','#','$ ','%','&'];
>>> list3 = ["a", "b", "c", "d",'x','y','z'];
>>> print("list1[1]: ", list1[1])
list1[1]:  X3D-VR-Python
>>> print("list2[0:10]: ", list2[0:10])
list2[0:10]:  [1, 2, 3, 4, 5, '@', '#', '$ ', '%', '&']
>>> print("list3[0:7]: ", list3[0:7])
list3[0:7]:  ['a', 'b', 'c', 'd', 'x', 'y', 'z']
>>>
```

更新列表是对列表数据项进行修改或更新,也可以使用 append()方法来添加列

表项。

更新列表中的第 1 个元素,显示列表中第 2、3 个元素的示例代码如下:

```
>>> list = [2020,'X3D-VR-Python','虚拟现实人工智能技术'];
>>> print("第 2 个元素为 : ", list[1])
第 2 个元素为 : X3D-VR-Python
>>> print("第 3 个元素为 : ", list[2])
第 3 个元素为 : 虚拟现实人工智能技术
>>> list[0] = 2025
>>> print("更新后的第 1 个元素为 : ", list[0])
更新后的第 1 个元素为 : 2025
>>> print(list)
[2025, 'X3D-VR-Python', '虚拟现实人工智能技术']
>>>
```

可以使用 del 语句删除列表的元素。

删除原始列表中第 1 个元素的示例代码如下:

```
>>> list = [2020,'X3D-VR-Python','虚拟现实人工智能技术'];
>>> print("原始列表: ", list)
原始列表: [2020, 'X3D-VR-Python', '虚拟现实人工智能技术']
>>> del list[0]
>>> print("删除第 1 个元素: ", list)
删除第 1 个元素: ['X3D-VR-Python', '虚拟现实人工智能技术']
>>>
```

与字符串相似,对列表进行操作主要是利用＋和 ∗ 操作符。其中＋用于组合列表,
∗ 用于重复列表。

Python 列表截取的示例代码如下:

```
>>> L = [2020,'X3D-VR-Python','虚拟现实人工智能技术'];
>>> L[2]
'虚拟现实人工智能技术'
>>> L[-2]
'X3D-VR-Python'
>>> L[1:]
['X3D-VR-Python', '虚拟现实人工智能技术']
>>>
```

Python 列表还支持拼接操作,示例代码如下:

```
>>> list = [2025,'X3D-VR-Python'];
>>> list += ['虚拟现实','人工智能技术','!!!']
>>> list
[2025, 'X3D-VR-Python', '虚拟现实', '人工智能技术', '!!!']
>>>
```

使用嵌套列表的操作,即在列表里创建其他列表的示例代码如下:

```
>>>list1 = ['VR-Python','虚拟现实人工智能编程']
>>> list2 = ['X3D-VR-AI','虚拟现实人工智能技术']
>>> list3 =  [list1, list2]
>>> list3
[['VR-Python', '虚拟现实人工智能编程'], ['X3D-VR-AI', '虚拟现实人工智能技术']]
>>> list3[0]
```

```
['VR-Python','虚拟现实人工智能编程']
>>> list3[0][1]
'虚拟现实人工智能编程'
>>>
```

Python 的列表函数包含 len(list)(计算列表元素个数)、max(list)(返回列表元素最大值)、min(list)(返回列表元素最小值)、list(tuple)(将元组转换为列表)等。

Python 列表函数 len(list)、max(list)、min(list)的示例代码如下：

```
>>> list1 = ['VR-Python','虚拟现实人工智能编程']
>>> list2 = ['X3D-VR-AI','虚拟现实人工智能技术']
>>> print(len(list1))
2
>>> print(max(list2))
虚拟现实人工智能技术
>>> print(min(list2))
X3D-VR-AI
>>>
```

Python 的列表方法包括在列表末尾添加对象、将对象插入列表、复制列表、反向排列列表中的元素、统计某个元素在列表中出现的次数等。

用列表方法 sorted()和 reversed()分别对列表中的元素进行正向排序和反向排序的示例代码如下：

```
>>> list = ['X3D','-VR','-AI','虚拟现实','人工智能技术']
>>> sorted(list)
['-AI', '-VR', 'X3D', '人工智能技术', '虚拟现实']
>>> for i in reversed(list):
...     print(i)
...
人工智能技术
虚拟现实
-AI
-VR
X3D
>>>
```

列表求和的示例代码如下：

```
list = [1,2,3,4,5,6,7,8,9,10]
>>> print(sum(list))
55
>>>
```

列表枚举方法 enumerate()和 zip()函数的示例代码如下：

```
>>> list1 = ['X3D','-VR','-AI','虚拟现实','人工智能技术']
>>> list2 = [1, 2, 3, 4, 5 ,'@','#','$ ','%','&'];
>>> list3 = ["a", "b", "c", "d","e"];
>>> for i,j in enumerate(list1):
...     print(i,j)
...
0 X3D
1 -VR
2 -AI
```

```
3 虚拟现实
4 人工智能技术
>>> for i,j,k in zip(list1,list2,list3):
...     print(i,j,k)
...
X3D 1 a
-VR 2 b
-AI 3 c
虚拟现实 4 d
人工智能技术 5 e
>>>
```

列表方法 filter()过滤案例,用指定函数处理可迭代对象的示例代码如下:

```
>>> a=filter(bool,['X3D-VR-AI','虚拟现实','人工智能技术'])
>>> print(a)
<filter object at 0x09EC3A50>
>>> a1=next(a)
>>> print("a1=",a1)
a1= X3D-VR-AI
>>> a2=next(a)
>>> print("a2=",a2)
a2= 虚拟现实
>>> a3=next(a)
>>> print("a3=",a3)
a3= 人工智能技术
>>>
```

2) 字典类型

在数据处理时,经常会碰到需要知道一个数据的对应值的情况,Python 通过字典来处理这样的问题。字典是一种可变容器类型,可存储任意类型的对象。字典的格式为 d={key1:value1,key2:value2,…}。在设计程序时,字典中的内容一般以键值对(key:value)的形式呈现。键值之间用冒号分隔,每个键值对之间用逗号分隔,整个字典用花括号({})进行标识。其中,键必须是唯一不可变的,而值则是可变的,值可以取任何数据类型。

可以用以下几种方式来创建字典。

直接使用{}创建字典,示例代码如下:

```
>>> Diction1 = {}        #创建空字典
>>> Diction2 ={'ID':1,'Age': 10, 'Class': '一班','Name':'刘慧增',}
>>> Diction1
{}
>>> Diction2
{'Name': '刘慧增', 'Class': '一班', 'Age': 10, 'ID': 1}
>>>
```

用 dirct()函数创建字典,示例代码如下:

```
>>> d=dict((['ID',1],['Age',10], ['Class','一班'],['Name','刘慧增']))
>>> print(d)
{'Name': '刘慧增', 'Class': '一班', 'Age': 10, 'ID': 1}
>>>
```

用 fromkeys()方法创建字典,示例代码如下:

```
>>> d1={}.fromkeys(['ID'],0)
>>> d2={}.fromkeys(['Age'],10)
>>> d3={}.fromkeys(['Class'], '一班')
>>> d4={}.fromkeys(['Name'], '刘慧增')
>>> print(d1)
{'ID': 0}
>>> print(d2)
{'Age': 10}
>>> print(d3)
{'Class': '一班'}
>>> print(d4)
{'Name': '刘慧增'}
>>>
```

要访问字典里的值,可以采用直接访问的方式,访问格式为<字典>[<键>],示例代码如下:

```
>>> d = {'ID':1,'Age': 10, 'Class': '一班','Name':'刘慧增',}
>>> print('ID:',d['ID'])
ID: 1
>>> print('Age:',d['Age'])
Age: 10
>>> print('Class:',d['Class'])
Class: 一班
>>> print('Name:',d['Name'])
Name: 刘慧增
>>>
```

要访问字典全部内容的值,可采用 for 循环的方式,然后使用 key()方法或迭代器。
使用 key()方法,示例代码如下:

```
>>> d = {'ID':1,'Age': 10, 'Class': '一班','Name':'刘慧增',}
>>> for key in d.keys():          #keys()方法
...     print(key,d[key],end='\t')
...
Name 刘慧增     Class 一班     Age 10     ID 1
>>>
```

使用迭代器,示例代码如下:

```
>>> d = {'ID':1,'Age': 10, 'Class': '一班','Name':'刘慧增',}
>>> for key in d:                 #迭代器
...     print(key,d[key],end='\t')
...
Name 刘慧增     Class 一班     Age 10     ID 1
>>>
```

要修改字典中一个元素的值,可以根据字典中的键名找到对应的值,直接赋值即可。
修改字典内容并添加新的变量的示例代码如下:

```
>>> dict = {'ID':1,'Age': 10, 'Class': '一班','Name':'刘慧增',}
>>> dict['Age'] = 16                #更新 Age
>>> dict['School'] = "VR-Python 教程"  #添加信息
>>> print("['Age']: ", dict['Age'])
['Age']:  16
```

```
>>> print("['School']: ", dict['School'])
['School']:  VR-Python 教程
>>> print(dict)
{'Name': '刘慧增', 'Age': 16, 'ID': 1, 'School': 'VR-Python 教程', 'Class': '一班'}
>>>
```

对字典中的元素进行删除操作,可以用 del 命令删除单一的字典元素或字典对象,也可以用"字典对象.clear()"命令清空全部字典元素。

删除字典元素,再清空和删除字典的示例代码如下:

```
>>> dict = {'ID':1,'Age': 18,'School': 'VR-Python 教程','Class': '一班','Name':'刘慧增'}
>>> del dict['ID']    #删除键 'ID'
>>> print(dict)
{'Name': '刘慧增', 'Age': 18, 'Class': '一班', 'School': 'VR-Python 教程'}
>>> dict.clear()      #清空字典
>>> print(dict)
{}
>>> del dict          #删除字典
>>> print(dict)
<class 'dict'>
>>>
```

在使用字典时还需要注意两个重要原则。

(1) 同一个键不允许出现两次。创建字典时如果同一个键被赋值两次,则只记录最后一个键的值,前一个键和值将被后面的键值所覆盖,示例代码如下:

```
>>> dict = {'Name':'张德宝','School': 'VR-Python 教程','Class': '一班','Name':'刘慧增'}
>>> print("dict['Name']: ", dict['Name'])          #只取最后的重复键值
dict['Name']: 刘慧增
>>> print(dict)
{'School': 'VR-Python 教程', 'Class': '一班', 'Name': '刘慧增'}
>>>
```

(2) 键必须是不可变的,可以用数字、字符串或元组充当,但不能使用列表或字典等,示例如下。

字典中的键用列表赋值,会产生错误提示,示例代码如下:

```
>>> dict = {['Name']:'张德宝',['School']: 'VR-Python 教程','Class': '一班'}
Traceback (most recent call last):
  File "<blender_console>", line 1, in <module>
TypeError: unhashable type: 'list'
>>> print("dict['Name']: ", dict['Name'])
Traceback (most recent call last):
  File "<blender_console>", line 1, in <module>
TypeError: 'type' object is not subscriptable
>>>
```

标准类型的内置函数包括 type() 和 str(),type() 函数用于返回字典类型,str() 函数用于返回字典的字符串表示形式,示例代码如下:

```
dict = {'School': 'VR-Python 教程','Class': '一班','Name':'刘慧增'}
>>> print(type(dict))
<class 'dict'>
```

```
>>> print(str(dict))
{'School': 'VR-Python教程', 'Class': '一班', 'Name': '刘慧增'}
>>>
```

3）集合类型

在 Python 中,集合数据类型不同于列表和元组,集合存储的元素是无序且不能重复的。与数学中的集合一样,Python 集合可以执行集合的并、交、差运算。集合有两种不同的类型,即可变集合(set)和不可变集合(frozenset)。可变集合的元素是可以添加或删除的,但可变集合存储的元素是不能被哈希的数据类型,因此不能用作字典的键或其他集合的元素;不可变集合的元素是不能添加或删除的,但其元素是可哈希的数据类型,可以用作字典的键或其他集合元素。

可以使用花括号({})直接创建集合,也可以使用 set( )和 frozenset( )函数分别创建可变集合和不可变集合。

创建集合元素,并去掉重复元素的示例代码如下:

```
>>> fruitsset = {'苹果', 'orange', '苹果', '梨', 'orange', 'banana'}
>>> print(fruitsset)              #输出集合并去掉重复元素
{'banana', '梨', 'orange', '苹果'}
>>>
```

判断元素是否在集合内,其语法格式为 x in s,即判断元素 x 是否在集合 s 中,如果存在于集合中,则返回 True;反之,则返回 False,示例代码如下:

```
>>> {'banana', '梨', 'orange', '苹果'}
{'梨', 'banana', '苹果', 'orange'}
>>> '苹果' in fruitsset            #判断元素是否在集合内
True
>>> 'Durian' in fruitsset         #判断元素是否在集合内
False
>>>
```

集合与、或、异或以及差集运算的示例代码如下:

```
>>> a = set('苹果 orange 苹果梨 orangebanana')
>>> b = set('苹果 orange 苹果 Mango 梨 orangepeachbananaDurian')
>>> a
{'苹', 'b', 'e', 'o', 'r', 'g', '果', 'n', '梨', 'a'}
>>> b
{'h', '苹', 'b', 'D', 'e', 'o', 'r', 'g', '果', 'n', 'u', 'i', 'M', '梨', 'c', 'a', 'p'}
>>> b - a                         #集合 a 中包含而集合 b 中不包含的元素(差集)
{'h', 'D', 'u', 'i', 'M', 'c', 'p'}
>>> a | b                         #集合 a 或 b 中包含的所有元素(或)
{'苹', 'b', 'D', 'o', '果', '梨', 'M', 'p', 'h', 'e', 'r', 'g', 'n', 'u', 'i', 'c', 'a'}
>>> a & b                         #集合 a 和 b 中都包含了的元素(与)
{'苹', 'b', 'e', 'o', 'r', 'g', '果', 'n', '梨', 'a'}
>>> a ^ b                         #不同时包含于 a 和 b 的元素(异或)
{'D', 'M', 'p', 'h', 'u', 'i', 'c'}
>>>
```

添加元素的语法格式为 s.add(x),表示将元素 x 添加到集合 s 中,如果元素已存在,则不进行任何操作,示例代码如下:

```
>>> fruitsset = set(('苹果', 'orange', '梨', 'banana'))
>>> fruitsset.add("榴莲")
>>> print(fruitsset)
{'榴莲', 'banana', '苹果', '梨', 'orange'}
>>>
```

还有一个方法也可以添加元素,且参数可以是列表、元组以及字典等,语法格式为 s. update(x),其中集合元素 x 可以有多个,用逗号分隔,示例代码如下:

```
>>> fruitsset = set(('苹果', 'orange', '梨', 'banana'))
>>> fruitsset.update("榴莲","芒果")
>>> print(fruitsset)
{'苹果', 'banana', '芒', '莲', 'orange', '果', '梨', '榴'}
>>>
```

移除集合元素的语法格式为 s.remove(x),表示将元素 x 从集合 s 中移除,如果元素不存在,则会发生错误,示例代码如下:

```
>>> ruitsset = set(('苹果', 'orange', '梨', 'banana',"榴莲","芒果"))
>>> fruitsset .remove("芒果")
>>> print(fruitsset)
{'苹果', 'banana', 'orange', '榴莲', '梨'}
>>>
```

s.discard(x)也可以用于移除集合中的元素,且如果元素不存在,不会发生错误,示例代码如下:

```
>>> fruitsset = set(('苹果', 'orange', '梨', 'banana',"榴莲","芒果"))
>>> fruitsset.discard("桃子")                 #不存在不会发生错误
>>> print(fruitsset)
{'苹果', 'banana', 'orange', '榴莲', '芒果', '梨'}
>>>
```

随机删除集合中的一个元素的语法格式为 s.pop()。pop()方法会对集合中的元素进行无序排列,然后将这个无序排列集合中最左边的第一个元素进行删除,示例代码如下:

```
>>> fruitsset = set(('苹果', 'orange', '梨', 'banana',"榴莲",'Peach',"芒果"))
>>> x = fruitsset.pop()
>>> print(x)
苹果
>>>
```

计算集合中元素的个数的语法格式为 len(s),示例代码如下:

```
>>> fruitsset = set(('苹果', 'orange', '梨', 'banana',"榴莲",'Peach',"芒果"))
>>> len(fruitsset)
7
>>>
```

清空集合的语法格式为 s.clear(),示例代码如下:

```
>>> fruitsset = set(('苹果', 'orange', '梨', 'banana',"榴莲",'Peach',"芒果"))
>>> fruitsset.clear()
>>> print(fruitsset)
set()
>>>
```

9.3.3　Python 运算符

Python 语言支持各种类型的运算符,包括算术运算符、比较(关系)运算符、赋值运算符、位运算符、逻辑运算符、成员运算符、身份运算符以及运算符优先级等。

1. 算术运算符

Python 的算术运算符包括加、减、乘、除、模运算、幂运算以及取整运算等。

设变量 x=17,y=5,z=0,对这 3 个变量进行各种算术运算,示例代码如下:

```
>>> x = 17
>>> y = 5
>>> z = 0
>>> x + y
22
>>> x - y
12
>>> x * y
85
>>> x + y
22
>>> x / y
3.4
>>> x %y
2
>>> x * * y
1419857
>>> z = x//y
>>> print("x//y:",z)
x//y: 3
>>>
```

2. 比较运算符

Python 的比较运算符包含等于、不等于、大于、小于、大于或等于以及小于或等于等。

设变量 x=28,y=95,对这 2 个变量进行各种比较运算,示例代码如下:

```
>>> x = 28
>>> y = 95
>>> if (x == y):
...     print("1 : x 等于 y")
... else:
...     print("1 : x 不等于 y")

1 : x 不等于 y
>>> if (x != y):
...     print("2 : x 不等于 y")
... else:
...     print("2 : x 等于 y")
...
2 : x 不等于 y
>>> if (x < y):
...     print("3 : x 小于 y")
... else:
...     print("3 : x 大于或等于 y")
...
```

```
3：x 小于 y
>>> if (x > y):
...     print("4：x 大于 y")
... else:
...     print("4：x 小于或等于 y")
...
4：x 小于或等于 y
>>> if (x <= y):
...     print("5：x 小于或等于 y")
... else:
...     print("5：x 大于   y")
5：x 小于或等于 y
>>> if (y >= x):
...     print("6：y 大于或等于 x")
... else:
...     print("6：y 小于 x")
...
6：y 大于或等于 x
>>>
```

3. 赋值运算符

Python 的赋值运算符涵盖简单的赋值、加法赋值、减法赋值、乘法赋值、除法赋值、取模赋值、幂赋值、取整除赋值以及海象运算符等。

设变量 x＝20，y＝85，对这 2 个变量进行各种赋值运算，示例代码如下：

```
>>> x = 20
>>> y = 85
>>> z = 0
>>> z = x + y
>>> print("z = x + y 的值为：", z)
z = x + y 的值为： 105
>>> z += x
>>> print("z += x 的值为：", z)
z += x 的值为： 125
>>> z *= x
>>> print("z *= x 的值为：", z)
z *= x 的值为： 2500
>>> z /= x
>>> print("z /= x 的值为：", z)
z /= x 的值为： 125.0
>>> z = 10
>>> z %= x
>>> print("z %= x 的值为：", z)
z %= x 的值为： 10
>>> z **= x
>>> print("z **= x 的值为：", z)
z * *= x 的值为： 10000000000000000000000
>>> z //= x
>>> print("z //= x 的值为：", z)
z //= x 的值为： 5000000000000000000
>>>
```

4. 位运算符

Python 的位运算符是按位运算的，即把数字看作二进制来进行计算。位运算符包括按位与、按位或、按位异或、按位取反、左移动以及右移动等。

设变量 x＝0b00111100，y＝0b00001101，对这 2 个二进制变量进行各种位运算，示例代码如下：

```
>>> x = 0b00111100
>>> y = 0b00001101
>>> x&y
12
>>> x|y
61
>>> x^y
49
>>> ~x
-61
>>>
```

设变量 x＝60，y＝13，对这 2 个十进制变量进行各种位运算，示例代码如下：

```
>>> x = 60          #60 = 0011 1100
>>> y = 13          #13 = 0000 1101
>>> z = 0
>>>
>>> z = x & y;      #12 = 0000 1100
>>> print("x & y 的值为: ", z)
x & y 的值为:  12
>>>
>>> z = x | y;      #61 = 0011 1101
>>> print("x | y 的值为: ", z)
x | y 的值为:  61
>>>
>>> z = x ^ y;      #49 = 0011 0001
>>> print("x ^ y 的值为: ", z)
x ^ y 的值为:  49
>>>
>>> z = ~x;         #-61 = 1100 0011
>>> print("~x 的值为: ", z)
~x 的值为:  -61
>>>
>>> z = x << 2;     #240 = 1111 0000
>>> print("x << 2 的值为: ", z)
x << 2 的值为:  240
>>>
>>> z = x >> 2;     #15 = 0000 1111
>>> print("x >> 2 的值为: ", z)
x >> 2 的值为:  15
>>>
```

5. 逻辑运算符

Python 的逻辑运算符也称为布尔运算符，包含与、或、非等逻辑运算。布尔运算符要结合 Python 中数字的真假值来进行计算。如 Python 中数字 0 和 null 表示为 false，非 0 数字和非空（not null）表示为 true。

设变量 x＝60，y＝13，对这 2 个变量进行各种布尔运算，结果为真（true）或假（false），示例代码如下：

```
>>> x = 10
>>> y = 20
>>> if (x and y):
...    print("1：变量 x 和 y 都为 true")
... else:
...    print("1：变量 x 和 y 有一个不为 true")
...
1：变量 x 和 y 都为 true
>>> if (x or y):
...    print("2：变量 x 和 y 都为 true,或其中一个变量为 true")
... else:
...    print("2：变量 x 和 y 都不为 true")
...
2：变量 x 和 y 都为 true,或其中一个变量为 true
>>> #修改变量 x 的值
>>> x = 0
>>> if (x and y):
...    print("3：变量 x 和 y 都为 true")
... else:
...    print("3：变量 x 和 y 有一个不为 true")
...
3：变量 x 和 y 有一个不为 true
>>> if (x or y):
...    print("4：变量 x 和 y 都为 true,或其中一个变量为 true")
... else:
...    print("4：变量 x 和 y 都不为 true")
...
4：变量 x 和 y 都为 true,或其中一个变量为 true
>>> if not(x and y):
...    print("5：变量 x 和 y 都为 false,或其中一个变量为 false")
... else:
...    print("5：变量 x 和 y 都为 true")
...
5：变量 x 和 y 都为 false,或其中一个变量为 false
```

6. 成员运算符

除了上述一些运算符,Python 还提供成员运算符,成员运算符只能用在包含成员的对象中,如字符串、列表或元组等。

Python 的所有成员运算符操作,示例代码如下：

```
>>> x = 5
>>> y = 18
>>> list = [1,2,3,4,5,6,7,8,9,10];
>>>
>>> if (x in list):
...    print("变量 x=5 在给定的列表中 list 中")
... else:
...    print("变量 x=5 不在给定的列表中 list 中")
...
变量 x=5 在给定的列表中 list 中
>>> if (y not in list):
...    print("变量 y=18 不在给定的列表中 list 中")
... else:
...    print("变量 y=18 在给定的列表中 list 中")
...
变量 y=18 不在给定的列表中 list 中
>>>
```

7. 身份运算符

Python 的身份运算符用于比较两个对象的存储单元,分别用 is、is not 表示。通常使用 id()函数获取对象内存地址,如 x is y,即 id(x)＝＝ id(y),如果引用的是同一个对象,则返回 True,否则返回 False;x is not y,即 id(a) ！＝ id(b),如果引用的不是同一个对象则返回结果 True,否则返回 False,具体示例代码如下:

```
>>> x = 5
>>> y = 5
>>>
>>> if (x is y):
...     print("x 和 y 有相同的标识",x,y)
...else:
...     print(" x 和 y 没有相同的标识",x,y)
...
x 和 y 有相同的标识 5 5
>>> if (id(x) == id(y)):
...     print("x 和 y 有相同的标识(内存地址)",id(x),id(y))
...else:
...     print(" x 和 y 没有相同的标识(内存地址)",id(x),id(y))
...
x 和 y 有相同的标识(内存地址) 1465512184 1465512184
>>> #修改变量 y 的值
>>> y = 8
>>> if (x is y):
...     print("x 和 y 有相同的标识",x,y)
...else:
...     print(" x 和 y 没有相同的标识",x,y)
...
x 和 y 没有相同的标识 5 8
>>> if (x is not y):
...     print("x 和 y 没有相同的标识",x,y)
...else:
...     print(" x 和 y 有相同的标识",x,y)
...
x 和 y 没有相同的标识 5 8
>>>
```

如果一个表达式中有多个不同的运算符,运算符执行的次序直接影响到表达式运算结果。而 Python 运算符的计算优先级规则有两种:一种是从左往右开始计算,另一种是从右往左开始计算。Python 运算符的计算优先级绝大多数是从左往右开始的,只有两个特例,即乘方(**)和条件表达式运算符要从右往左计算,示例代码如下:

```
>>> a = 20
>>> b = 10
>>> c = 15
>>> d = 5
>>> x = 0
>>> x = (a + b) * c / d        #(30 * 15) / 5
>>> print("(a + b) * c / d 运算结果为:",  x)
(a + b) * c / d 运算结果为:  90.0
>>> x = ((a + b) * c) / d      #(30 * 15) / 5
>>> print("((a + b) * c) / d 运算结果为:",  x)
((a + b) * c) / d 运算结果为:  90.0
>>> x = (a + b) * (c / d);      #(30) * (15/5)
```

```
>>> print("(a + b) * (c / d) 运算结果为：", x)
(a + b) * (c / d) 运算结果为： 90.0
>>> x = a + (b * c) / d;      #20 + (150/5)
>>> print("a + (b * c) / d 运算结果为：", x)
a + (b * c) / d 运算结果为： 50.0
>>> x = a + (b ** d) / b;     #20 + (10 的 5 次方/10)
>>> print("a + (b ** d) / b 运算结果为：", x)
a + (b ** d) / b 运算结果为： 10020.0
>>>
```

9.3.4 Python 日期和时间函数

Python 程序可以用很多方式显示日期和时间，Python 提供 time 和 calendar 模块用于表示日期和时间，其时间间隔是以秒为单位的浮点小数。每个时间戳都用自从 1970 年 1 月 1 日 0 时至今所经历的时间来表示。时间戳单位最适用于进行日期运算，但是 1970 年之前的日期就无法以此表示了，往后太远的日期也不行，UNIX 和 Windows 系统只支持到 2038 年。

Python 的 time 模块下有很多函数可以转换日期格式，如 time.time() 函数用于获取当前的时间戳，示例代码如下：

```
>>> import time  #导入 time 模块
>>> ticks = time.time()
>>> print("当前时间戳为：", ticks)
当前时间戳为：1585559363.742448
>>>
```

Python 用组合在一起的 9 个数字表示时间，也就是 struct_time 的结构体时间元组和属性。Python 使用 localtime 函数，将返回的浮点数的时间戳传递给时间元组，转换并获得当前时间，示例代码如下：

```
>>> import time
>>> localtime = time.localtime(time.time())
>>> print("本地时间为 :", localtime)
本地时间为 : time.struct_time(tm_year=2020, tm_mon=3, tm_mday=30, tm_hour=17, tm_min=
46, tm_sec=43, tm_wday=0, tm_yday=90, tm_isdst=0)
>>>
```

Python 还可以根据需求获取各种格式的时间，其中最简单的用于获取可读的时间模式的函数是 asctime()，示例代码如下：

```
>>> import time
>>> localtime = time.asctime(time.localtime(time.time()))
>>> print("本地时间为 :", localtime)
本地时间为 : Mon Mar 30 17:48:32 2020
>>>
```

Python 可以使用 time 模块的 strftime() 方法来格式化日期，语法格式为 time.strftime(format[,t])，示例代码如下：

```
>>> import time
>>> #格式化成 年-月-日 小时:分钟:秒 形式
>>> print(time.strftime("%Y-%m-%d %H:%M:%S", time.localtime()))
2020-04-01 12:52:00
>>> #格式化成 星期 月 日 小时:分钟:秒 年 形式
>>> print(time.strftime("%a %b %d %H:%M:%S %Y", time.localtime()))
Wed Apr 01 12:52:00 2020
>>> #将格式字符串转换为时间戳
>>> a = "Sat Mar 28 22:24:24 2016"
>>> print(time.mktime(time.strptime(a,"%a %b %d %H:%M:%S %Y")))
1459175064.0
>>>
```

Python 中的 Calendar 模块提供了很多处理日历,其中打印某月月历的示例代码如下:

```
>>> import calendar
>>> cal1 = calendar.month(2020, 1)
>>> print("以下输出 2020 年 1 月份的日历:")
以下输出 2020 年 1 月份的日历:

>>> print(cal1)
    January 2020
Mo Tu We Th Fr Sa Su
       1  2  3  4  5
 6  7  8  9 10 11 12
13 14  15 16 17 18 19
20 21  22 23 24 25 26
27 28  29 30 31
>>> #cal2 = calendar.calendar(2020)
>>> #print("以下输出 2020 年一年的日历:")
>>> #print(cal2)
>>>
```

9.4　Python 控制流程

Python 的流程控制工具主要包括条件语句、While 循环语句、for 循环语句、循环嵌套、break 语句、continue 语句、pass 语句、迭代器与生成器以及函数等。在 Python 语言程序中,一共有 3 种程序结构:顺序结构、分支结构以及循环结构。在顺序结构程序中,程序只能按顺序从头到尾执行。分支结构则是当程序运行到某个节点时,根据条件判断结果来决定程序执行哪一个分支。循环结构是程序在满足某个条件时执行循环体,否则结束循环。

9.4.1　Python 条件语句

Python 中的条件语句是指通过一条或多条 if 语句的执行结果(True 或者 False)来决定是否执行的代码块。条件语句控制流程如图 9-41 所示。

在条件表达式中,Python 指定任何非 0 或非空(null)值为真(True),0 或者 null 为

假(False)。

在 Python 程序编程设计中,实现程序分支结构设计的语句有 if(单分支)语句、if…else(双分支)语句以及 if…elif(多分支)语句。

if(单分支)语句的语法格式如下:

```
if <条件表达式>:
    <语句序列>
```

if…else(双分支)语句的语法格式如下:

```
if <条件表达式>:
    <语句序列 1>
else:
    <语句序列 2>
```

if 语句用于控制程序的执行,其中判断条件成立时,则继续执行后面的语句,而执行语句的内容可以多行,通常以缩进的量多少来区分同一部分的内容。else 为可选语句,当判断条件不成立时,则执行另外的语句。if…else 条件语句控制流程如图 9-42 所示。

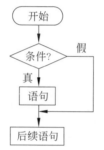
图 9-41　条件语句控制流程图

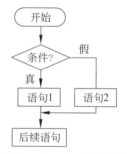
图 9-42　if…else 条件语句控制流程图

使用 if…else 条件语句设计程序,设置 name 为条件判断变量,条件成立执行相应语句,不成立执行另外的语句,示例代码如下:

```
>>> name = 'VR-Python'                  #或 C/C++、Java
>>> if name == 'C/C++、Java':           #判断变量是否为 C/C++、Java
...     print('欢迎大家使用传统语言 C/C++或 Java')
...     print('程序语言: ',name)        #条件成立时输出相关信息
... else:
...     print('欢迎大家使用虚拟现实人工智能技术')
...     print('程序语言: ',name)        #条件不成立时输出相关信息
...
欢迎大家使用虚拟现实人工智能技术
程序语言:  VR-Python
>>>
```

if 语句的判断条件可以用>(大于)、<(小于)、==(等于)、>=(大于或等于)、<=(小于或等于)来表示。当判断条件为多个值时,可以使用 if…elif(多分支)语句,其语法格式如下:

```
if <条件表达式 1>:
    <语句序列 1>
elif<条件表达式 2>:
    <语句序列 2>
```

```
elif<条件表达式 3>:
    <语句序列 3>
        ⋮
elif<条件表达式 n>:
    <语句序列 n>
```

使用 if…elif 条件语句设计程序,设置分数变量为 Fraction,可以分别赋予其不同的值,进行条件判断,并执行程序,示例代码如下:

```
>>> Fraction = 90
>>> if Fraction >=85:
...     print('成绩: 优秀')
... elif Fraction >=70:
...     print('成绩: 良好')
... elif Fraction >=60:
...     print('成绩: 及格')
... else:
...     print('成绩: 不及格')
...
成绩: 优秀
>>>
```

Python 语言并不支持 switch 语句,所以当判断条件为多个值时,只能用 elif 语句来实现,如果需要同时判断多个条件,可以使用 or(或)语句,表示两个条件有一个成立时判断为真;使用 and(与)语句时,表示只有当两个条件同时成立的情况下,判断才为真,示例代码如下:

```
>>> number = 5
>>> if number >= 0 and number <= 10:        #判断值是否在 0~10
...     print('该值:在 0~10')
该值:在 0~10
>>> number = 10
>>> if number < 0 or number > 10:           #判断值是否在小于 0 或大于 10
...     print('该值: 是在小于 0 或大于 10')
... else:
...     print('未定义')
未定义
>>> number = 12
>>>                                         #判断值是否在 0~5 或者 10~15
>>> if (number >= 0 and number <= 5) or (number >= 10 and number <= 15):
...     print('该值: 是在 0~5 或者 10~15')
... else:
...     print('未定义')
该值: 是在 0~5 或者 10~15
>>>
```

9.4.2　Python 循环语句

Python 程序中的循环语句有两种: while 和 for。两种循环的区别是在 while 循环之前,需要先进行一次条件判断,如果满足条件,再执行循环体。而执行 for 循环的时候必须有一个可迭代的对象，才能进行循环控制。

1. while 循环语句

当在 Python 程序中遇到 while 时，应先检查"条件"是否成立。若成立，则执行一次语句（即"循环体"），然后再检查"条件"是否成立，以此形成循环，直到"条件"不成立，则终止循环，接着执行 while 语句的后续语句。

Python 程序中 while 循环的语法格式如下：

```
while 判断条件：
    执行语句(循环体)
```

while 循环语句控制流程如图 9-43 所示。

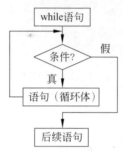

图 9-43　while 循环语句控制流程图

使用 while 循环语句设计程序，定义循环变量初值 count=0，循环变量累加 10 次，并打印输出结果，示例代码如下：

```
>>> count = 0
>>> while count<10:
...     print('累加器')
...     count=count+1        #每次循环加 1,也可以写成 count+=1
...     print('count=',count)
...
累加器
count=1
累加器
count=2
累加器
count=3
累加器
count=4
累加器
count=5
累加器
count=6
累加器
count=7
累加器
count=8
累加器
count=9
累加器
count=10
>>>
```

定义循环变量计数器为 count＋1，循环变量小于或等于 100 次，使用累加器变量 sum 进行循环累加，打印输出最终结果，示例代码如下：

```
>>> number = 100
>>> sum = 0
>>> counter = 1
>>> while counter <= number:
...     sum = sum + counter
...     counter += 1
...
>>> print("1 到 %d 之和为: %d" %(number,sum))
1 到 100 之和为: 5050
>>>
```

while 循环语句中的无限循环，也称为死循环，可以通过设置条件表达式永远为 True 来实现无限循环，按快捷键 Ctrl＋C 可以退出当前的无限循环状态。无限循环在服务器上客户端的实时请求应用中非常有用。

while 循环还可以搭配使用 else 语句，while…else 循环在条件语句为 False 时执行 else 的语句块。

while…else 循环的语法格式如下：

```
while 判断条件(condition):
    执行语句(statements)……
else:
    后续语句(statements)……
```

使用 while…else 循环语句输出变量 count，并判断其大小，示例代码如下：

```
>>> count = 0
>>> while count < 5:
...     print(count, " 小于 5")
...     count = count + 1
... else:
...     print(count, " 大于或等于 5")
...
0  小于 5
1  小于 5
2  小于 5
3  小于 5
4  小于 5
5  大于或等于 5
>>>
```

2. for 循环语句

for 循环可以遍历任何序列项目，常用于遍历字符串、列表、元组、字典、集合等序列类型，以逐个获取序列中的各个元素。

for 循环中的变量用于存放从序列类型变量中读取出来的元素，一般不会在循环中对变量手动赋值；而执行语句指的是具有相同缩进格式的多行代码，也称为循环体。

for 循环的语法格式如下：

```
for 循环变量 in 序列:
    执行语句(循环体)
else:
    后续语句(循环体)
```

for 循环语句控制流程如图 9-44 所示。

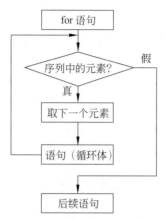

图 9-44　for 循环语句控制流程图

使用 for 循环语句输出变量的示例代码如下：

```
>>> languages = ["C", "C++","Java", "Perl","Cobol", "VR-Python"]
>>> for x in languages:
...      print('程序设计语言:',x)
...
程序设计语言: C
程序设计语言: C++
程序设计语言: Java
程序设计语言: Perl
程序设计语言: Cobol
程序设计语言: VR-Python
>>>
```

使用 for 循环计算 1+2+…+100 之和的示例代码如下：

```
>>> result = 0               #保存累加结果的变量
>>> for i in range(101):     #逐个获取从 1 到 100 这些值,并做累加操作
...      result += i
... else:
...      print("计算 1+2+...+100 的运算")
...      print('结果 1+2+...+100 =',result)
...
计算 1+2+...+100 的运算
结果 1+2+...+100 = 5050
>>>
```

在 for 循环中,序列数据常用 range()函数表示,如果需要遍历序列数据,可以使用内置 range()函数来生成数列,range()函数的语法格式如下：

```
range(初值,终值,步长)
```

利用 range()函数遍历序列数据的示例代码如下：

```
>>> for i in range(5):
...      print(i)
...
0
```

```
1
2
3
4
>>>
```

利用 range() 函数,在指定区间内遍历序列数据的示例代码如下:

```
>>> for i in range(5,10):
...     print(i)
...
5
6
7
8
9
>>>
```

利用 range() 函数,在指定区间内,设置不同的步长遍历序列数据设计的示例代码如下:

```
>>> for i in range(0,10,2):
...     print(i)
...
0
2
4
6
8
>>>
```

利用 range() 函数,在指定区间内,设置步长为负值并遍历序列数据的示例代码如下:

```
>>> for i in range(-10, -100, -20):
...     print(i)
...
-10
-30
-50
-70
-90
>>>
```

在 for 循环中,还可以结合 range() 和 len() 函数以遍历一个序列数据的索引,示例代码如下:

```
>>> a = ['VR-Python','人工智能', 'VR-X3D', 'VR-Blender', 'VR-AR技术', '虚拟/增强现实技术']
>>> for i in range(len(a)):
...     print(i, a[i])
...
0 VR-Python
1 人工智能
2 VR-X3D
3 VR-Blender
```

```
4 VR-AR 技术
5 虚拟/增强现实技术
>>>
```

还可以使用 range( )函数来创建一个列表,示例代码如下:

```
>>> list(range(10))
[0, 1, 2, 3, 4, 5, 6, 7, 8, 9]
>>>
```

3. 循环嵌套

在 Python 语言程序设计中,一个循环有时解决不了复杂的问题,因此一个循环还要嵌套另一个循环,形成循环嵌套,而 while 和 for 循环结构就支持嵌套。所谓嵌套(nest),就是一条语句里面还有另一条语句,如 for 循环中嵌套 for 循环,while 循环中嵌套 while 循环,甚至 while 循环中嵌套 for 循环或者 for 循环中嵌套 while 循环等复杂设计都是被允许的。

while 循环嵌套语法格式如下:

```
while 判断条件:
    while 判断条件:
        执行语句(循环体)
    执行语句(循环体)
```

for 循环嵌套的语法格式如下:

```
for 循环变量 in 序列:
    for 循环变量 in 序列:
        执行语句(循环体)
    执行语句(循环体)
```

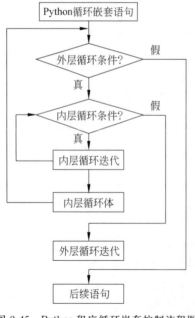

图 9-45 Python 程序循环嵌套控制流程图

当 Python 语言程序中有 2 个、甚至多个循环结构相互嵌套时,位于外层的循环结构一般称为外层循环或外循环,位于内层的循环结构一般称为内层循环或内循环。

Python 解释器执行循环嵌套结构的流程如下。

(1) 当外层循环条件为 True 时,则执行外层循环结构中的循环体。

(2) 外层循环体中包含了普通程序和内循环,当内层循环的循环条件为 True 时会执行此循环中的循环体,直到内层循环条件为 False,则跳出内循环。

(3) 如果此时外层循环的条件仍为 True,则返回第(2)步,继续执行外层循环体,直到外层循环的循环条件为 False。

(4) 当内层循环的循环条件为 False,且外层循环的循环条件也为 False 时,则整个嵌套循环才算执行完毕。

Python 程序循环嵌套控制流程如图 9-45 所示。

　　Python 语言程序循环嵌套结构代码执行的原则是,外层循环每执行一次,内层循环就要全部执行一遍,即如果外层循环需要执行 m 次,内层循环需要执行 n 次,则嵌套循环一共需要执行 m＊n 次。

　　使用 while 循环中嵌套 while 循环的循环嵌套结构设计程序,设置外循环变量为 j,初值 j＝1,外循环 3 次;内循环变量为 i,初值 i＝1,内循环 5 次,示例代码如下:

```
>>> j = 1
>>> while j<=3:          #外循环
...     i = 1
...     while i <=5:    #内循环
...         print("内循环 i=",i," 外循环 j=",j)
...         i += 1
...     j += 1
...     print()
...
内循环 i= 1  外循环 j= 1
内循环 i= 2  外循环 j= 1
内循环 i= 3  外循环 j= 1
内循环 i= 4  外循环 j= 1
内循环 i= 5  外循环 j= 1

内循环 i= 1  外循环 j= 2
内循环 i= 2  外循环 j= 2
内循环 i= 3  外循环 j= 2
内循环 i= 4  外循环 j= 2
内循环 i= 5  外循环 j= 2

内循环 i= 1  外循环 j= 3
内循环 i= 2  外循环 j= 3
内循环 i= 3  外循环 j= 3
内循环 i= 4  外循环 j= 3
内循环 i= 5  外循环 j= 3

>>>
```

　　使用 while 循环中嵌套 for 循环的循环嵌套结构设计程序,设置外循环变量为 i,初值 i＝0,外循环 3 次;内循环变量为 j,初值 j＝0,内循环 5 次,示例代码如下:

```
>>> i = 0
>>> j = 0
>>> while i<3:            #外循环
...     for j in range(5): #内循环
...         print("外循环 i=",i," 内循环 j=",j)
...     i=i+1
...     print()
...
外循环 i= 0  内循环 j= 0
外循环 i= 0  内循环 j= 1
外循环 i= 0  内循环 j= 2
外循环 i= 0  内循环 j= 3
外循环 i= 0  内循环 j= 4

外循环 i= 1  内循环 j= 0
外循环 i= 1  内循环 j= 1
外循环 i= 1  内循环 j= 2
```

```
外循环 i= 1   内循环 j= 3
外循环 i= 1   内循环 j= 4

外循环 i= 2   内循环 j= 0
外循环 i= 2   内循环 j= 1
外循环 i= 2   内循环 j= 2
外循环 i= 2   内循环 j= 3
外循环 i= 2   内循环 j= 4

>>>
```

使用 for 循环中嵌套 for 循环的循环嵌套结构设计程序,设置外循环变量为 i,range1 函数:初值 i=1,外循环 3 次;内循环变量为 j,range2 函数:初值 j=1,内循环 3 次。示例代码如下:

```
>>> range1 = range(1,4)
>>> range2 = range(1,4)
>>> for i in range1:          #外循环
...     for j in range2:      #内循环
...         print("外循环 i=",i," 内循环 j=",j)
...     print()
...
外循环 i= 1   内循环 j= 1
外循环 i= 1   内循环 j= 2
外循环 i= 1   内循环 j= 3

外循环 i= 2   内循环 j= 1
外循环 i= 2   内循环 j= 2
外循环 i= 2   内循环 j= 3

外循环 i= 3   内循环 j= 1
外循环 i= 3   内循环 j= 2
外循环 i= 3   内循环 j= 3

>>>
```

使用 for 循环中嵌套 for 循环的循环嵌套结构设计程序,设置外循环变量为 i,初值 i=1,外循环 9 次;内循环变量为 j,初值 j=1,内循环 9 次,示例代码如下:

```
>>> print('利用双重 for 循环嵌套设计:九九乘法表')
利用双重 for 循环嵌套设计:九九乘法表
>>> for i in range(1, 10):          #外循环 i
...     for j in range(1, i+1):     #内循环 j
...         #print('{}x{}={}\t'.format(j, i, i * j), end='')
...         print('{}x{}={} '.format(j, i, i * j), end='')
...     print()
...
1x1=1
1x2=2   2x2=4
1x3=3   2x3=6   3x3=9
1x4=4   2x4=8   3x4=12   4x4=16
1x5=5   2x5=10  3x5=15   4x5=20   5x5=25
1x6=6   2x6=12  3x6=18   4x6=24   5x6=30   6x6=36
1x7=7   2x7=14  3x7=21   4x7=28   5x7=35   6x7=42   7x7=49
1x8=8   2x8=16  3x8=24   4x8=32   5x8=40   6x8=48   7x8=56   8x8=64
1x9=9   2x9=18  3x9=27   4x9=36   5x9=45   6x9=54   7x9=63   8x9=72   9x9=81

>>>
```

还可以用 for 循环中嵌套 for 循环的循环嵌套结构设计打印图形的程序。

设置外循环变量为 i,初值 i＝1,外循环 4 次;内循环变量为 j,初值 j＝1,内循环 14 次,示例代码如下:

```
>>> for i in range(1,5):           #外层循环控制行数
...     for j in range(1,15):      #内层循环控制每一行打印的个数
...         print('*',end='')
...                                 #此处的print()的作用仅仅是为了换行
...     print()
...
**************
**************
**************
**************
```

设置外循环变量为 i,初值 i＝1,外循环 15 次;内循环变量为 j,初值 j＝1,内循环 15 次,示例代码如下:

```
>>> for i in range(1,16):          #外层循环控制行数
...     for j in range(1,i+1):     #内层循环控制每一行打印 i+1 个数
...         print('*',end=' ')
...     #此处的print()的作用仅仅是为了换行
...     print()
...
*
* *
* * *
* * * *
* * * * *
* * * * * *
* * * * * * *
* * * * * * * *
* * * * * * * * *
* * * * * * * * * *
* * * * * * * * * * *
* * * * * * * * * * * *
* * * * * * * * * * * * *
* * * * * * * * * * * * * *
* * * * * * * * * * * * * * *
```

9.5　VR-Blender-Python 脚本 3D 模型设计案例

本节将用一个案例介绍利用 Python 脚本在 Blender 虚拟仿真集成开发环境中构建几何网格数据,以及利用点、线、面创建 3D 网格造型的设计过程。

使用 Python 脚本构建几何网格数据的原理如下。

创建 Python 脚本网格数据"点",设三维空间中有两个点,其坐标为 verts＝[(0,0,0),(1,0,0)]。在 Blender-Python 脚本中,点的坐标是作为列表数据存储的,因此给列表

中每个点依次赋予一个索引(index)值,上面两个点的索引值就分别为 0 和 1。

创建 Python 脚本网格数据"线",设三维空间中两个点之间的连线为 edge＝[[0,1]],在 Blender-Python 脚本中线的数据也是作为列表存储的,而两点成线,则取两个顶点的索引值,便得到了一条位于 x 轴上的线段。

创建 Python 脚本网格数据"面",一个平面需要由 3 个点构成,因此要得到一个面,就必须设置 3 个点的坐标:verts＝[(0,0,0),(1,0,0),(0,1,0)],然后把这 3 个点连起来,便得到了一个面索的引列表:face＝[[0,1,2]]。在 Blender-Python 脚本中面的数据也是作为列表数据存储的,而且把一个面包含的所有点作为面数据的子列表,Blender 会自动将其闭合,然后得到一个位于 xy 坐标平面的三角面。

用 Python 脚本创建一个几何网格平面,并用三维坐标来确定该平面的位置,具体步骤如下。

(1) 启动 Blender,删除默认立方体。

(2) 在 3D 视图编辑器右上角拖曳一个视图窗口。

(3) 选择"文本编辑器"→"新建"→"编写源代码/粘贴源代码"选项。

Python 脚本源程序代码如下:

```
1 import bpy                                          #加载 bpy,即导入 Blender-Python 脚本
2 from bpy import context                             #从 bpy 导入上下文
3 from math import sin, cos, radians                  #从数学模块导入正弦、余弦、弧度函数
4 x = 0                                               #为变量 x 赋初值
5 y = 0                                               #为变量 y 赋初值
6 z = 2                                               #为变量 z 赋初值
7 bpy.ops.mesh.primitive_plane_add(radius=1, view_align=False,
8 enter_editmode=False, location=(x, y, z),
9 layers=(True, False, False, False, False, False, False, False, False, False, False,
False, False, False, False, False, False, False, False, False))
```

第 1 行代码:加载 Blender-Python 模块,即导入 Blender-Python 脚本。

第 2 行代码:从 Blender-Python 模块导入上下文。

第 3 行代码:从数学模块中导入正弦、余弦以及弧度函数。

第 4～6 行代码:为变量赋初值,即 x＝0,y＝0,z＝2。

第 7 行代码:为几何平面设置参数,即半径＝1,视图对齐＝False。

第 8 行代码:设置输入编辑模式＝False,位置＝(x,y,z)。

第 9 行代码:层＝(真,假,假,假,假,假,假,假,假,假,假,假,假,假,假,假,假,假,假,假)。

单击"运行脚本"按钮。在第 1 个 3D 视图中,显示一个平面造型;在第 2 个视图窗口中,显示 Python 脚本程序。

Python 脚本创建的平面几何模型如图 9-46 所示。

用 Python 脚本创建一个金字塔造型,首先确定金字塔是由 5 个点组成的,具有 4 个三角面和 1 个矩形面的立体几何模型,具体步骤如下。

(1) 启动 Blender,删除默认立方体。

(2) 在图 6-17 所示的工具栏 3 中,选择"动画时间线"→"文本编辑器"→"新建"选项添加一个文本。

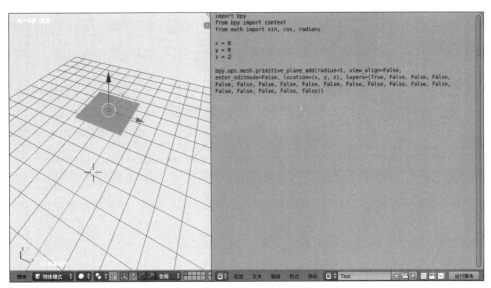

图 9-46　平面几何模型

（3）在 Python 文本编辑器中，输入创建顶点、边线、面的 Python 脚本代码。

Python 脚本代码如下：

```
import bpy #加载 bpy, 即导入 Blender-Python 脚本
#顶点
verts = [(1,1,0),
        (-1,1,0),
        (-1,-1,0),
        (1,-1,0),
        (0,0,2)]
#边
edges = [(0,1),
        (1,2),
        (2,3),
        (3,0),
        (0,4),
        (1,4),
        (2,4),
        (3,4)]
#面
faces = [(0,1,4),
        (1,2,4),
        (2,3,4),
        (3,0,4),
        (0,1,2,3)]
mesh = bpy.data.meshes.new('Pyramid_Mesh')       #新建网格
mesh.from_pydata(verts, edges, faces)            #载入网格数据
mesh.update()                                    #更新网格数据
pyramid = bpy.data.objects.new('Pyramid', mesh)  #新建物体 Pyramid, 并使用 mesh 网格数据
scene = bpy.context.scene
scene.objects.link(pyramid)                      #将物体链接至场景
```

使用 Python 脚本创建的金字塔 3D 模型如图 9-47 所示。

（1）在图 6-17 所示的工具栏 3 中，单击"运行脚本"按钮，或按快捷键 Alt＋P，会生成一个金字塔 3D 模型。

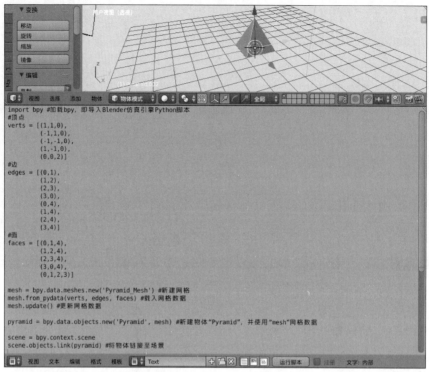

```
import bpy #加载bpy，即导入Blender仿真引擎Python脚本
#顶点
verts = [(1,1,0),
         (-1,1,0),
         (-1,-1,0),
         (1,-1,0),
         (0,0,2)]
#边
edges = [(0,1),
         (1,2),
         (2,3),
         (3,0),
         (0,4),
         (1,4),
         (2,4),
         (3,4)]
#面
faces = [(0,1,4),
         (1,2,4),
         (2,3,4),
         (3,0,4),
         (0,1,2,3)]

mesh = bpy.data.meshes.new('Pyramid_Mesh') #新建网格
mesh.from_pydata(verts, edges, faces) #载入网格数据
mesh.update() #更新网格数据

pyramid = bpy.data.objects.new('Pyramid', mesh) #新建物体"Pyramid"，并使用"mesh"网格数据

scene = bpy.context.scene
scene.objects.link(pyramid) #将物体链接至场景
```

图 9-47　金字塔 3D 模型

（2）如果将载入网格数据代码中的面数据改为空列表（[]），即 mesh.from_pydata（verts,edges,[]），再运行脚本可以在 3D 视图编辑器中获得线框模型的金字塔造型。

（3）在图 6-17 所示的工具栏 3 中，选择"文本"→"另存为"选项，将设计模型保存到"blender-python-点线面-1-1"文件中。

第10章 元宇宙

元宇宙是人类运用数字技术构建的,由现实世界映射或超越现实世界,可与现实世界交互的虚拟世界,它是具备新型社会体系的数字生活空间。元宇宙的六大特征包括沉浸式体验、开放性、虚拟身份、不断演化、知识互动、新的确权方式。元宇宙涵盖虚拟现实(VR)、增强现实(AR)、混合现实(MR)、影视现实(CR)、全息影像、角色生成、动作捕捉、互动游戏、体感交互、人工智能、5G/6G、物联网、网络运算、虚幻引擎、量子计算、数字孪生、区块链、人机硬件设备以及智能可穿戴等技术领域。

10.1 元宇宙的诞生

元宇宙(metaverse)的概念起源于1992年美国著名科幻大师尼尔·斯蒂芬森的科幻小说《雪崩》。该小说第一次提出并描绘了元宇宙,同时在移动互联网到来之前,就预言了未来元宇宙中人类的各种活动。它描述了一个平行于现实世界的网络世界,现实世界中的人在网络世界中都有一个分身,即一个数字"我"作为现实世界的"我"的"分身",这个由分身组成的世界称为"元宇宙"。元宇宙是实现虚拟现实技术下一个阶段的互联网新形态,通过虚拟现实设备使虚拟人共同生活在一个虚拟空间中,并与现实世界完美融合。随着虚拟现实技术的发展,元宇宙逐渐从科幻走入现实。

metaverse是由meta和verse两个单词组成,其中meta表示元/超越,verse由universe一词演化而来,合起来直译即为"超越宇宙",意译为"虚拟实境/超元域+化身(avatar)",即元宇宙。元宇宙无法完全脱离现实世界,它平行于现实世界并与之互通,但又独立于现实世界,人们可以在其中进行真实的社交、学习、工作、生活、娱乐、休闲等。元宇宙体现了人类对事物本质和宇宙本源的探索,对理想化世界的追逐。

元宇宙是未来人类的生活方式。元宇宙连接虚拟和现实世界,丰富人的感知,进一步提升沉浸交互体验,延展人的创造力和想象力。通过元宇宙,人们可以获得涵盖游戏、社交、内容、消费以及拓展到更多的结合线上线下的一体化的生产、生活体验,步入千行百业数字化的全真互联网时代。

1. 元宇宙公式

(1) 元宇宙=虚世界×现实世界。

(2) 元宇宙=创造+娱乐+展示+社交+交易。

元宇宙=大型虚拟网络游戏(第二人生)+开放式任务+可编辑世界+XR入口+AI

内容生产＋经济系统＋社交系统＋化身系统＋去中心化认证系统＋现实元素。

2. 元宇宙基本特性

（1）沉浸式体验，是元宇宙与现实世界融合的基础，用户在元宇宙中在虚拟空间中将拥有"具身的临场感"，并借助硬件、交互技术手段的进步，在视觉、听觉、触觉、嗅觉等方面实现感官体验的扩展。在元宇宙中，人类认知边界，既是元宇宙的发展边界，同样也是用户在元宇宙空间内的能力边界。其中，低延迟和模拟真实感让用户具有身临其境的感官体验。

（2）虚拟化分身，现实世界的用户将在数字世界中拥有一个或多个ID身份。元宇宙中的数字人的划分，如有身份的虚拟人，即虚拟化身和虚拟IP，没有身份的虚拟人，即各式各样、承担不同角色和功能的NPC（非玩家角色）虚拟人。

（3）交互开放式创造，元宇宙实现了虚拟空间与现实世界的叠加，因此，用户将拥有同时拥有虚拟空间中的超现实能力，以及与现实世界的作用力，在元宇宙交互过程中将能够同时作用于虚拟与现实两个空间之内。借助技术升级，虚拟空间能够打破传统物理的局限的桎梏，实现人类感知与交互体验。用户通过终端或VR/AR设备进入数字世界，可利用海量资源展开内容生态的创造活动。

（4）社交属性，现实社交关系链将在数字世界发生转移和重组，即元宇宙作为人类社会形态发展的新阶段基于硬件技术、内容生态的高度发达，开始追求超脱于物理世界层面，实现在虚拟空间之中寻求社交与场景的延展。

（5）系统稳定性，具有安全、稳定、有序的经济运行系统。

3. 元宇宙核心技术

元宇宙本身不是一种技术，而是一个理念和概念，需要整合不同的新技术，元宇宙的核心技术主要包括以下几种。

（1）交互技术为元宇宙用户提供沉浸式虚拟现实体验，它可以不断深化感知交互，并不断持续迭代升级，交互技术包括扩展现实（XR）技术、全息影像技术、传感器技术（体感和环境）等。扩展现实技术包含虚拟现实（VR）技术、增强现实（AR）技术、混合现实（MR）技术以及影视现实（CR）技术等，扩展现实技术可以提供沉浸式的交互体验。

（2）数字孪生技术为元宇宙万物互联及虚实共生提供可靠技术保障，并能够把现实世界镜像映射到虚拟世界当中。这意味着在元宇宙中可以看到虚拟世界和现实世界共生的场景，也可以看到自己的虚拟分身等。

（3）区块链技术主要包括NFT（非同质代币）、DeFi（去中心化金融）、公链速率、智能合约、DAO社交体系、去中心化交易所、分布式存储等内容，是支持元宇宙体系最重要的技术。它还包含哈希算法与时间戳技术、数据传输及交易验证机制、共识机制以及分布式账本等。区块链技术用来搭建经济体系。随着元宇宙的进一步发展，对整个现实社会的模拟程度进一步加强，在元宇宙当中用户可能不仅仅只是消费，还有可能赚钱，在虚拟世界里形成一套完整的经济体系。

（4）人工智能技术为元宇宙大量的应用场景提供技术支持，它涵盖机器视觉、机器学习、自然语言处理、智能语言等技术。

（5）虚拟游戏技术为元宇宙提供创作平台、交互内容和社交场景并实现流量聚合。它包含虚拟仿真引擎、3D建模设计、虚拟人设计、物理仿真设计以及实时渲染等内容。

（6）网络与运算技术。通信网络技术和云虚拟游戏的成熟，为元宇宙夯实了网络层面的基础，其中包含 5G/6G 网络、云计算、空间定位算法、虚拟场景拟合、实时网络传输、GPU 服务器、边缘计算堵等内容。

4. 实现原宇宙的 4 种阐述

目前市场上的元宇宙厂商和公司对元宇宙的实现有 4 种阐述，分为虚实融合、去中心化交易、自由创造、社交协作。因为每一家企业的特点不一样，所以元宇宙市场上最终会是百花齐放的格局，以满足用户不同的需求。

在元宇宙时代，需要全球的元宇宙企业、厂商和公司鼎力支持，实现视觉、听觉、嗅觉、味觉、触觉、意识等六类需求保障。作为一种多项数字技术的综合集成应用，元宇宙场景从概念到真正落地需要实现技术突破，元宇宙企业需要以下技术支撑：一是支持元宇宙网络平稳运行的基础设施，如 5G、云计算和边缘计算等；二是提供元宇宙体验的硬件入口，如 XR 技术、全息影像技术、传感技术等，从不同维度实现立体视觉、深度沉浸、虚拟分身等元宇宙应用的基础功能；三是大数据人工智能、游戏引擎、开发工具、数字孪生和区块链等，这些支持基本属于新一代信息科技范畴。因此，元宇宙的发展在很大程度上取决于这些技术的成熟和应用。既有直接面对消费者的场景应用，也有产业层面的应用，分别被称作消费元宇宙和产业元宇宙。通过多技术的叠加兼容、交互融合，凝聚形成技术合力推动元宇宙稳定有序发展。

总之，元宇宙是利用科技手段进行链接与创造的与现实世界映射和交互的虚拟世界，具备新型社会体系的数字生活空间。元宇宙本质上是对现实世界的虚拟化、数字化过程，需要对内容生产、经济系统、用户体验以及实体世界内容等进行大量改造。但元宇宙的发展是循序渐进的，是在共享的基础设施、标准及协议的支撑下，由众多工具、平台不断融合、进化而最终成形。它是整合多种新技术而产生的新型的虚实融合的互联网时代应用和社会形态，基于扩展现实技术提供沉浸式体验，基于数字孪生技术生成现实世界的镜像，基于区块链技术搭建经济体系，将虚拟世界与现实世界在经济系统、社交系统、身份系统上密切融合，并且允许每个用户进行内容生产和世界编辑。

元宇宙尚无清晰完整的定义。有人提出元宇宙是一个集体虚拟共享空间，是架构于现实逻辑之上的超大虚拟空间，由虚拟增强的物理现实和物理持久性虚拟空间融合创建。也有人认为元宇宙包含了现实世界和上述虚拟世界或者以这个虚拟世界为主要平台的现实世界与虚拟世界的融合空间。目前，对元宇宙这个虚拟世界的共识是其包括建立在区块链算法和规则之上的社交平台、建立在区块链数字货币基础之上的经济系统以及建立在区块链技术之上由用户生产知识的内容平台。

元宇宙离不开现实世界，一个最简单的理解是其能源供应必须来自外部。作为生产要素之一的算力，无法在断电的情况下取得。人类物质生活基本需求也无法被虚拟数字产品替代，仍由元宇宙之外的经济活动提供。人类在基本物质需求得到满足之后，精神需求迅速增长，元宇宙满足了这部分需求，一部分在现实世界无法参与的活动可以参与了，一些无法实现的体验也可以体验到。因此，虚拟数字产品满足的是精神需求，不是物质需求，精神生活无论怎样精彩丰富也无法上升到事关人类生存的高度。

人类物质生活仍主要在元宇宙之外进行。元宇宙是现实世界的延伸和拓展，将为人们获取更加丰富多彩的精神满足，增强人类感知、探索和链接外界的能力。虚拟数字世界是真实物理世界的扩展,是现实世界的数字化映射,能让人类在数字世界中更有效地完成协作和创新,提升现实世界的公平和效率。

10.2　元宇宙发展历程

元宇宙的发展历程主要包含 4 个阶段,分别是元宇宙萌芽期、元宇宙准备期、元宇宙蓄势待发期、元宇宙爆发式增长期。

10.2.1　元宇宙萌芽期

1992 年,美国作家尼尔·斯蒂芬森(Neal Stephenson)在科幻小说《雪崩》(*Snow Crash*)中首次提出了元宇宙,这是第一次真正意义上对于元宇宙的描述。

1994 年,Ron Britvich 创建了 *WebWorld*,这是第一个能让数万人聊天、建造和旅行的 2.5D 世界。不久之后,Britvich 便转到 Knowledge Adventure Worlds(后来成为 Worlds Inc.),在那里与其他设计师一起开发 *AlphaWorld*。1995 年,*AlphaWorld* 以其 3D 网页浏览器的名字重新命名,改名为 *Active Worlds*。紧接着,*Active Worlds* 迅速成为最重要的 3D 社交虚拟世界,吸引了成千上万的用户,规模呈指数级增长。

1996 年,开发商 GamePlanet 发布了赛博朋克风城市建造模拟游戏 *CyberTown*,通过虚拟现实建模语言(VRML)构建的 *CyberTown* 是未来元宇宙重要的里程碑。它有着明显的赛博朋克画风,注重化身的定制化。2021 年,*CyberTown* 也被翻新为模拟城市建造游戏而再次发布。

1999 年,影片《黑客帝国》(*The Matrix*)在全球院线上映,在这部电影中人工智能空前强大,将人类圈养在营养仓中,利用人体进行发电,人类的意志则被禁锢在看似正常的虚拟世界。

10.2.2　元宇宙准备期

2001 年,由游戏公司杰格克斯游戏工作室(Jagex Games Studio)制作的大型多人在线角色扮演游戏 *RuneScape*(简称 RS)发布。该游戏在全球的用户规模仅次于《魔兽世界》(*World of Warcraft*),且获得了吉尼斯世界纪录"最火爆的免费 MMORPG 游戏"称号。该游戏以丰富的剧情、庞大的交易系统和可玩性、灵活性极强著称。它拥有英语、德语、法语、巴西葡萄牙语等多个版本,不需要安装客户端,只需要安装 Java 环境即可运行。截至 2018 年,*RuneScape* 营收累计超过 8 亿美元,用户账号数量超过 2.5 亿,且用户基数依然在增长。

2003 年,美国互联网公司 Linden Lab 实验室推出基于 Open3D 的游戏《第二人生》(*Second Life*),其画面相较于 20 世纪 90 年代的游戏场景有了质的提升。玩家在游戏里被称为"居民",通过可运动的虚拟化身进行交互。居民们可以四处漫游,会碰到其他的居民,参加个人或集体活动。玩家还可以在其中进行社交、购物、建造、经商、娱乐以及相互交易虚拟财产和服务等。BBC、路透社、CNN 等报社还曾将 *Second Life* 作为内容发布平台；IBM 曾在这款虚拟游戏中购买过地产，建立自己的销售中心；瑞典等国家在其中建立了自己的大使馆；西班牙的政党在游戏中进行辩论；美国的议会准备在 *Second Life* 中进行演讲等。

2006 年，Roblox 公司发布了集虚拟世界、休闲游戏和用户自建内容于一身的游戏 *Roblox*。如今，Roblox 不断迭代，在 2021 年上市后，凭借元宇宙概念股价一路走高，截至 2022 年 1 月 28 日，市值达 336.65 亿美元。

2008 年，一个自称中本聪（Satoshi Nakamoto）的人提出了比特币（Bitcoin）的概念，并在 P2P Foundation 网站上发布了比特币白皮书《比特币：一种点对点的电子现金系统》。2009 年 1 月 3 日，比特正式诞生。比特币是一种 P2P 形式的数字货币，比特币的交易记录公开透明，点对点的传输意味着一个去中心化的支付系。

2009 年，瑞典 Mojang Studios 公司发布了游戏《我的世界》（*Minecraft*）。该游戏平台囊括了桌面设备、移动设备和游戏主机等，自发售以来一直是游戏爱好者们发挥自己想象力的空间，众多难以想象的恢宏场景在《我的世界》中被创造出来。

10.2.3　元宇宙蓄势待发期

2012 年，彩色硬币（Colored Coin）诞生，它由小面额的比特币组成，最小单位为一聪（比特币的最小单位）。彩色硬币是代表区块链上现实世界资产的代币，可用于证明任何资产的所有权，从贵金属到汽车再到房地产，甚至是股票和债券。彩色硬币展现出了现实资产上的可塑性及发展潜力，这奠定了 NFT 的发展基础。

2013 年年末，以太坊创始人维塔利克·布特林（VitalikButerin）发布了以太坊初版白皮书，启动了项目。2014 年 7 月 24 日起，以太坊进行了为期 42 天的以太币预售。2016 年年初，以太坊的技术得到了市场认可，价格开始暴涨，同时吸引了大量开发者以外的人进入以太坊的世界。中国三大比特币交易所之二的火币网及 OKCoin 币行均于 2017 年 5 月 31 日正式上线以太坊。截至 2021 年 5 月，以太币是市值突破 2 万亿美金的加密货币，仅次于比特币。

2014 年 3 月 25 日，Facebook 公司宣布，将用近约 20 亿美元的总价收购沉浸式虚拟现实技术公司 OculusVR。同年 7 月 20 日，Facebook 宣布，收购 OculusVR 的交易正式结束。OculusVR 主要制造虚拟现实头盔 OculusRift，这一项目最初于 2012 年启动，通过 Kickstarter 网站争取外界融资。

2015 年，Decentraland 虚拟现实平台上线，Decentraland 是由以太坊区块链提供支持的虚拟现实平台，该平台允许用户创建、体验内容和应用并从中获利。Decentraland 可译为"去中心化的大陆"，Decentraland 使用两个令牌：MANA 和 LAND。MANA 是一种 ERC-20，必须燃烧该令牌才能获取不可替代的 ERC-721 LAND 令牌，可用于购买 Decentraland 中的领地、数字商品、服务等。Decentraland 为用户提供一个可以创建个人形象、与其他用户互动社交、参与音乐会或艺术表演等娱乐活动，并可以在数字土地上建造房屋等的虚拟世界。可以说 Decentraland 就像是一个升级版的《我的世界》。

2016 年 5 月，以太坊社区的成员宣布了 DAO（decentralized autonomous organization，去

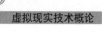

中心化自治组织)的诞生。它是作为以太坊区块链上的一个智能合约而建立的,编码框架是由 Slock.It 团队开发的开源代码,但以太坊社区的成员将它冠以"The DAO"的名称进行部署。在 DAO 初创期,任何人都可以将以太坊币发送到一个独特的钱包地址,以 1~100 的比例换取 DAO 令牌。最终取得了意想不到的成绩,成功收集到了 1270 万个以太币(当时价值约 1.5 亿美元),使它成为史上最大的众筹项目。

2017 年,多人竞技类游戏《堡垒之夜》发布后取得了巨大的成功,它给许多人带来了 V 货币(堡垒之夜中使用的虚拟货币)和密码货币的外观和使用感觉。目前,堡垒之夜的总用户总数约为 3.5 亿。

2017 年年底,Dai 稳定币推出。Dai 是以太坊上发行的第一种去中心化稳定币,和其他的稳定币相比,Dai 是最独特、最具有去中心化性质的一种。引入 Dai 稳定币为动荡的加密货币世界添加了一个新元素。去中心化的 Dai 稳定币与美元挂钩,与其他加密货币相比其波动性更小,是更可靠的是去中心化金融 DeFi 加密货币。如今在区块链的银行服务的基础上,可以在很多类似的加密货币借贷和投资平台上使用这些货币。在大部分情况下它们不受传统金融机构的监管,而且用户对此没什么意见。

2018 年,由史蒂文·斯皮尔伯格(Steven Spielberg)执导的,根据恩斯特·克莱恩(Ernest Cline)同名小说改编的科幻电影《头号玩家》上映。该电影向人们展示了虚拟现实世界的概念,讲述了一个现实生活中无所寄托、沉迷游戏的大男孩,凭着对虚拟游戏设计者的深入剖析,历经磨难,找到隐藏在关卡里的 3 把钥匙,成功通关游戏,并且还收获了网恋女友的故事。

2018 年,分布式交易平台(decentralized exchange,DEX;又称去中心化交易所、分散式交易平台,即分散式加密货币交易所)开始流行,它是除转账外区块链在金融领域最大的落地应用之一。分布式交易平台基于区块链创造的不依赖第三方信任的数字信息交换方式,提供了一种全新的信用机制和价值交换模式,如该平台允许两个独立的参与者在不受到第三方干扰的情况下进行加密货币交易。

2020 年,去中心化应用(decentralized applications,简称 DApps)开始流行,它一般是指运行在分布式网络上,参与者的信息被安全保护(也可能是匿名的),不同人通过网络节点进行去中心化操作的应用。从以太坊角度来说它是一个交易协议,是根据区块链上设定的条件来执行的一个合约或者一组合约。目前,去中心化程序在六大区块链平台上的代币总价值超过 20 亿美元。

10.2.4 元宇宙爆发式增长期

2021 年被称为元宇宙的元年,元宇宙呈现超出想象的发展爆发力,其背后是相关要素的群聚效应(critical mass),与 1995 年互联网爆发式发展所经历的类似。

2021 年 3 月,元宇宙概念第一股罗布乐思(Roblox)在美国纽约证券交易所正式上市。

而游戏 Roblox 则兼容了虚拟世界、休闲游戏和自建内容,游戏中的大多数作品都是用户自行建立的。在游戏中,玩家也可以开发各种形式类别的其他游戏。Roblox 是世界上用户规模最大的多人在线创作类游戏。2005 年 RobloxBeta 上线,至 2021 年 7 月 13

日 *Roblox* 正式全平台开放,其日活跃用户数达到了 4210 万,月活跃玩家超 1 亿人次。

2021 年 3 月,Soul(一款社交类 App)在行业内首次提出构建"社交元宇宙"。Soul 在元宇宙概念上的探索最早可追溯到 2015 年。Soul 在筹备阶段就提出利用灵魂匹配、情感机器人等技术构建新型社交关系,在当时还没有元宇宙具体定义的情况下,Soul 的这一构想已经形成了类似元宇宙社交概念的雏形。在 Soul 的定义中,社交元宇宙指的是一个与现实平行、实时在线的虚拟世界,在这里,人们可以凭借自己的虚拟化身,并基于自己的兴趣图谱或推荐,体验多样的沉浸式社交场景,在接近真实的共同体验中一起交流、娱乐,最终找到志同道合的伙伴、建立社交连接。

2021 年 5 月,微软首席执行官萨蒂亚·纳德拉(Satya Nadella)表示公司正在努力打造一个"企业元宇宙"。早在 2017 年的一次微软激励大会的演讲中,纳德拉就首次提出了"企业元宇宙"的概念,并明确指出了其具体含义是"随着数字和物理世界的融合而产生的基础设施堆栈集合体",是数字孪生、物联网以及混合现实的结合。纳德拉认为,随着真实物理世界和虚拟数字化世界的不断融合,企业元宇宙将成为每一个企业必备的基础设施。微软未来将通过 HoloLens(微软全息眼镜)、Mesh(无线网格网络)、Azure 云、Azure Digital Twins 等一系列工具和平台来帮助企业客户实现数字世界与现实世界融为一体。由此可见,微软才是真正首个提出并专注于企业元宇宙的巨头公司,远远早于Meta(前身是 Facebook)。

2021 年 8 月,字节跳动公司斥巨资收购 VR 创业公司 Pico。北京字节跳动科技有限公司成立于 2012 年 3 月,是较早将人工智能应用于移动互联网场景的科技企业之一,公司以建设"全球创作与交流平台"为愿景。字节跳动的全球化布局始于 2015 年,"技术出海"是字节跳动全球化发展的核心战略,其旗下产品有今日头条、西瓜视频、抖音、头条百科等。

目前,字节跳动已经上线了 VR 版本的抖音,同时上架了新版本 Pico 一体机商店,这是短视频赛道第一次有重量玩家加入 VR 平台。

2021 年 8 月,青岛海尔集团率先发布制造行业的首个智造元宇宙平台,涵盖工业互联网、人工智能、增强现实、虚拟现实及区块链技术,实现智能制造物理和虚拟融合,融合"厂、店、家"跨场景的体验,实现了消费者体验的提升。

2021 年 8 月,英伟达(NVIDIA)宣布推出全球首个为元宇宙建立提供基础的模拟和协作平台,英伟达创始人兼首席执行官黄仁勋,在计算机图形顶级会议 ACMSIGGRAPH 2021 上重点介绍了这项技术,即 Omniverse 基础建模和协作平台。接入这个综合开发平台,图像技术开发人员能够实时模拟出细节逼真的现实世界;3D 建筑师、3D 场景的动画师以及开发自动驾驶汽车的工程师,可以像线上共同编辑文档一样轻松设计 3D 虚拟场景。因此,可以将其理解为一套 3D 图形的 Google Docs(一款在线办公软件)协作环境。

2021 年 10 月 28 日,美国社交媒体巨头脸书(Facebook)创始人马克·扎克伯格(Mark Zuckerberg)宣布,Facebook 将更名为 Meta。Facebook 公司创立于 2004 年 2 月4 日,总部位于美国加利福尼亚州门洛帕克。2012 年 3 月 6 日,Facebook 发布 Windows版桌面聊天软件 Facebook Messenger。截至 2012 年 5 月,Facebook 便拥有了约 9 亿用户。Facebook 也是世界排名领先的照片分享站点,截至 2013 年 11 月,用户每天上传约3.5 亿张照片。2019 年 11 月 12 日,Facebook 宣布推出移动支付服务 Facebook Pay。

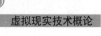

2021 年 11 月，中国民营科技实业家协会元宇宙工作委员会(简称"中国民协元宇宙工委")在北京正式揭牌，作为国内首个元宇宙全国社团机构，其诞生恰逢其时。作为政产学研金服用的纽带与桥梁，中国民协元宇宙工委势必将加速推动我国元宇宙产业的发展。

2021 年 12 月 27 日，百度 Create 2021 大会(百度 AI 开发者大会)在希壤 App 中召开，这是国内首次在元宇宙中举办的大会，可同时容纳 10 万人同屏互动。用户可通过手机 App、VR 一体机、PC 桌面版客户端进行体验。

2022 年 1 月，索尼(Sony)宣布了下一代虚拟现实头盔(PS VR2)的新细节，以及一款适配 PS VR2 的新游戏 *Horizon Call of the Mountain*。PS VR2 头盔将配备支持 4K 分辨率的 OLED 显示屏，以及名为 PS VR2 Sense 的新控制器。此外，该头盔还采用眼球追踪技术，并内置了一个可以产生触觉振动的马达。眼球追踪功能将为游戏角色提供额外的输入，让玩家"以新的、逼真的方式更直观地互动"。该款虚拟现实头盔已于 2023 年 2 月底正式上市。

2022 年 1 月 4 日，高通技术公司在 2022 年国际消费电子展(CES)上宣布与微软合作，扩展并加速 AR 在消费级和企业级市场的应用。双方对元宇宙的发展充满信心，并在多项计划中展开合作，共同推动生态系统发展，包括开发定制化 AR 芯片以打造新一代高能效、轻量化 AR 眼镜，从而提供丰富的沉浸式体验；计划集成 Microsoft Mesh 应用和骁龙 Space XR 开发者平台等软件。

2022 年 2 月 14 日，我国香港海洋公园宣布，与 Animoca Brands 旗下去中心化游戏虚拟世界 *The Sandbox* 成为合作伙伴布局元宇宙，在虚拟世界通过非同质化代币(NFT)资产及游戏，缔造破格数码娱乐体验。

2022 年 3 月 13 日，由吉利汽车集团旗下高端品牌领克(Lynk&Co)联合百度"希壤"共同打造的"领克乐园"正式亮相百度希壤元宇宙平台，面向公众开放体验。

2022 年 7 月 7 日，首届世界元宇宙大会在北京国家会议中心召开。大会以"大时代、大生态、大融合"为主题，旨在搭建政、产、学、研、体验与资本对接的多边共赢平台，交流元宇宙前沿技术发展趋势，展示元宇宙生态链科技成果和互动体验，推动元宇宙产业健康有序发展。

在历经近 30 年的演变以及无数人的尝试，这个世界越来越向往元宇宙，一些人认为元宇宙是人们逃避现实的入口，可以把元宇宙与现实生活脱离开来，使人们可以逃离责任、义务，并在元宇宙世界中寻找虚拟的快乐。但这是不正确的，元宇宙更多的是帮助大家实现节本增效，打破空间束缚，对远在千里之外的客户进行服务。就像互联网时代每个实体商店都使用微信、支付宝、大众点评等工具一样，元宇宙时代一定会出现一些工具让人们更好地进行生产，让人们的生产形式进一步产生范式转变。

10.3　元宇宙理论架构

元宇宙生态系统是建立在基础设施、人机交互和去中心化基础之上的，利用 VR/AR/MR、3D 虚拟仿真引擎、高速网络、多任务处理、虚拟人、信息地理等技术，由业内创作者驱动来提供多样化体验,构建一个更加公平的生态系统与市场环境。

元宇宙的7层架构组成,主要包括基础设施层、人机交互层、虚拟经济层、空间计算层、创作者经济层、商业运营层以及体验层等,如图10-1所示。

第7层:体验层	虚拟社交、电子竞技、剧场、购物等
第6层:商业运营层	广告网络、虚拟社交、内容分发、评级系统、应用商店、中介系统等
第5层:创作者经济层	开发设计与制作元宇宙交互体验内容、设计工具、资本市场、工作流、商业等
第4层:虚拟经济层	提供数字所有权及验证性、边缘计算、AI主体、微服务、区块链等
第3层:空间计算层	3D引擎、VR/AR/MR、多任务处理、地理信息映射等
第2层:人机交互层	移动设备、智能眼镜、可穿戴设备、力反馈器、神经接口等
第1层:基础设施层	5G基站、Wi-Fi6、6G基站、芯片7nm/4nm工艺、MEMS微机电系统等

图 10-1 元宇宙理论框架

1. 第1层:基础设施层

元宇宙基础硬件设备,包括 5G 基站、Wi-Fi6、6G 基站、芯片 7nm/4nm 工艺以及 MEMS 微机电系统等,构建元宇宙硬件基础设施连接到网络并提供硬件技术支撑。

元宇宙概念的爆火,源于元宇宙基础硬件设施的迅猛发展。随着 5G/6G、芯片、大数据、云计算、智能感知传感器以及电池等技术的成熟,在虚拟环境(VR/AR/MR)中的实时网络通信能力显著提升,可以支撑大规模群体用户同时在线观看与浏览,进一步提高带宽、提高速率、降低时延,真正实现沉浸互动交互体验感。

2. 第2层:人机交互层

人机交互层主要包括移动设备、智能眼镜、VR/AR/MR 头盔(眼镜)、力反馈器、数据手套、数据衣服、手势识别设备、声音识别设备、微型生物传感器、神经接口等硬件。

随着智能手机、智能可穿戴设备、微型化传感器、嵌入式 AI 技术以及低延时边缘计算系统的实现,预计未来的人机交互设备将在元宇宙中承载越来越多的全新功能并提供更具有沉浸感的交互体验。由于能提供更好的沉浸感,VR/AR/MR 头盔(眼镜)被普遍认为是进入元宇宙空间的主要终端,此外还包括智能可穿戴设备、微型生物传感器(可印在皮肤之上)、意念感知设备以及脑机接口等,能够进一步提升虚拟环境的沉浸感、交互性以及构想性。

3. 第 3 层：空间计算层

空间计算层是将真实计算和虚拟计算解决方案相融合,将虚拟世界和现实世界相融合,让两个世界可以相互感知、理解和交互以消除现实世界和虚拟世界之间的误差和障碍,从而实现虚实结合、实时交互、三维注册。如今,空间计算已经发展成为一大类技术,使人们能够进入并且操控 3D 空间,并用更多的信息和经验来增强现实世界。这项技术主要由企业或非营利组织提供算法和引擎等软件支持,如 3D 仿真引擎、游戏引擎、VR/AR/XR、物体识别、语言与手势识别、虚拟仿真人工智能、空间计算、地理空间映射、数字孪生技术等。此外,还包括来自物联网设备的数据集成,来自人体的生物识别技术,如用于身份识别、健康或健身领域的应用,支持并发信息流和分析的下一代用户交互界面技术等。本书将空间计算层与人机硬件交互层分开,可以更好理解元宇宙组成与架构。

4. 第 4 层：虚拟经济层

去中心化是构建元宇宙人与人关系的重要转折,虚拟经济层可以把元宇宙的所有资源更公平地分配。元宇宙的经济蓬勃发展需要以一套共享的、众多用户认可的标准和协议作为基础,推动整个元宇宙体系的公平性、公正性、统一性、完整性以及虚拟经济系统的流动性的建立。

去中心化另一个特性是采用分布式计算和微服务为开发人员提供了一个可扩展的生态系统,可以利用在线功能而无须专注于构建或集成后端功能。围绕微交易进行优化的 NFT 和区块链技术将金融资产从集中控制和托管中解放出来。在虚拟经济中,货币加密和 NFT 可以为元宇宙提供数字所有权及可验证性,区块链技术、边缘计算技术和人工智能技术的突破将进一步实现去中心化。

5. 第 5 层：创作者经济层

创作者经济层包含创作者每天用于开发设计与制作用户喜欢的所有交互体验内容,以去中心化和开放的方式为独立创作者提供一整套集成的开发工具、社交网络及货币化功能。元宇宙中的内容和体验需要持续更新、不断降低创作门槛,并提供更有效便捷的所见即所得的开发工具、各种虚拟素材产品、自动化工作流程以及商业运营模式。元宇宙的体验变得越来越具有沉浸感、社交性和实时性,而且相关创作者的数量也呈指数级增长。

6. 第 6 层：商业运营层

商业运营层主要聚焦于如何把人们吸引到元宇宙这个平行世界当中,即如何利用商业运营模式来驱动元宇宙世界。元宇宙是一个巨大的生态系统,也是许多 IT 巨头、互联网巨头、初创公司以及元宇宙企业共同运营的庞大的生态系统之一。

商业运营层利用网络广告、虚拟社交、内容分发、评级系统、应用商店以及中介系统等,进一步加速推广元宇宙。其中大多数商业运营模式分为两种：一是主动探索发现机制,即用户自发找寻；二是被动输入机制,即在用户并无确切需求的情况下,把推广的信息发送给用户。

7. 第 7 层：体验层

XR、虚拟社区以及电子竞技是目前最具代表性的元宇宙"入口",同时元宇宙体验也

以这几方面为基础继续演化和发展,为用户提供更多进行社交、娱乐、消费、学习、工作、教育、科研、军事、航空航天、工业、农业和电子商务活动等内容,全面覆盖人类生活的各种场景。

体验层是用户直接面对的虚拟游戏、虚拟社交平台、虚拟人类生活等的各种交互场景。而元宇宙则是对现实空间、距离及物体等的"非物质化"(dematerialization)呈现。

体验层将现实世界放入虚拟的元宇宙世界,这将蕴含巨大的市场商机。而内容也不再是简单地由用户生成,用户互动也会产生内容,这些内容又会影响用户所在社区内对话的信息,也就是内容产生内容,即形成内容、事件和社交互动的虚拟循环。在元宇宙中,谈论"沉浸感"时,所指的不单是三维空间或叙事空间中的沉浸感,还指社交沉浸感以及其引发互动和推动内容产出的方式等。元宇宙不是一个单一的实体,它是下一代互联网变革的新形态。元宇宙空间当中发生的一切丰富的互动体验都是以虚拟社交和体验为形式所展开的。

10.4 元宇宙实现

元宇宙的本质是一个平行于现实世界的在线数字空间,其核心是由虚拟现实技术所构建的虚拟世界。

1. 元宇宙技术演化的 4 个阶段

1) 以桌面式虚拟现实为主

经典的案例是由美国林登实验室在 2003 年发布的基于互联网的三维虚拟世界——Second Life。用户在 Second Life 中可创建属于自己的"虚拟化身",参加虚拟世界中的各种探索和社交活动,制造和交易虚拟财产及服务。在这一阶段,用户只能通过计算机屏幕观察虚拟世界,受限于交互设备、立体视觉、三维建模等技术,其产生的沉浸感较低。目前,Second Life 已经广泛应用于在线办公、远程社交、视频会议、远程诊断等。

2) 以沉浸式虚拟现实为主

借助沉浸式技术和人机交互技术,沉浸式虚拟现实实现了由"平面式、被动式、单向型"向"立体式、主动式、互动型"的突破。尤其是从 2016 年之后,以 Oculus 和 HTC VIVE 为代表的 VR 终端设备得以迅速发展,用户在虚拟世界中产生的感官刺激,如视觉、听觉、触觉、味觉等都可以通过 VR 装置和体感设备转化为现实世界真实的感官体验,而不再受传统物理条件的限制和约束,其沉浸感大大增强。

3) 以扩展现实和数字孪生为主

随着 5G、云计算、人工智能等新一代信息技术与 VR 技术的深度融合,更为成熟的元宇宙技术体系得以逐渐成形。其中,5G 的高速率、低时延、大规模设备连接等特性能够将地理上分布的多个用户或多个虚拟世界相连,使每个用户能够同时加入同一个虚拟世界中,共同体验虚拟世界的各种经历;基于 VR/AR/MR 的扩展现实技术实现了从现实空间到虚拟空间再到虚实融合空间之间的跨越;数字孪生技术是虚拟现实应用的深化发展,将实物对象空间与虚拟对象空间联通,实现真实世界与虚拟世界之间的无缝融合和有机联通;大数据、云计算和人工智能为元宇宙提供了强大的算力基础和智能化支撑,有助于推动元宇宙更高质量发展。

4）元宇宙时代

脑机接口和意念控制技术将彻底打破现实与虚拟之间的壁垒，用户可使用意念自由控制虚拟身体的各个部位，随心所欲地与虚拟世界进行交互。同时脑机接口的双向传输功能，可以将多种感官的反馈通过脑信号传递给用户，获得与现实世界相同的感官体验，实现人与虚拟世界的融合。区块链技术是元宇宙实现升级的关键技术，借助区块链技术既可建立现实空间与虚拟空间的经济联系，又能实现虚拟价值和真实价值的统一。元宇宙将实现人与虚拟世界、现实世界与虚拟世界的高度融合。

2. 目前元宇宙的现实构成

随着虚拟现实技术的飞速发展，以扩展现实和数字孪生以及脑机接口和意念控制为主体的元宇宙时代即将到来。目前元宇宙的现实构成主要包括现实世界、虚拟世界以及虚拟界面三大部分。现实世界是在国家法律、法规框架之下的规范社会活动、市场运营、人际关系和文化娱乐活动等；虚拟世界是模拟现实世界的一切活动与规范，如虚拟社区、虚拟医院、虚拟学校、虚拟机关、虚拟工厂等；虚拟界面主要是指扩展现实，如 VR/AR/MR 硬件接口设备及软件产品，如图 10-2 所示。

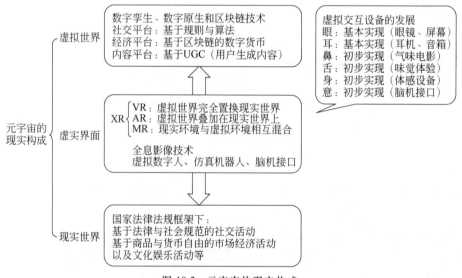

图 10-2　元宇宙的现实构成

3. 元宇宙数字生态系统构建的 3 个阶段

元宇宙数字生态系统构建的 3 个阶段主要包含数字孪生、数字原生和虚实共生，如图 10-3 所示。

图 10-3　元宇宙数字生态系统构建的 3 个阶段

1) 数字孪生

数字孪生即把现实世界映射到虚拟世界中。面对全球经济一体化带来的诸多挑战，中国提出了构建人类命运共同体的理念和方案。要解决全球化治理难题，必须使用先进科学的治理工具。从网络媒体日益盛行开始，传播媒体正从零散信息的记载和报道，向信息的系统整合、模拟仿真方向发展。新一代 ICT 技术群的快速发展，使得构建孪生地球成为可能。从区域范围看，包括孪生社区、孪生园区、孪生城市、孪生的各个国家等；从行业应用看，包括孪生文旅、孪生工厂、孪生建筑、孪生电力、孪生城市循环系统等。基于孪生地球，可实现各领域、各行业应用的有效统合，实现虚实共生，实时互动的全局沉浸体验环境，实现更加智能的平行世界。

2) 数字原生

创作者在虚拟世界中生产产品，即称为数字原生。例如，在原本的现实世界和虚拟世界中都没有一家叫"创世纪元宇宙大厦"的大楼，如果现在在虚拟世界中创造一栋"创世纪元宇宙大厦"，那么这个"创世纪元宇宙大厦"就是在虚拟世界中生产出来的一个数字产品，这就是数字原生。

3) 虚实共生

虚实共生是指虚拟世界与现实世界之间相互依存、相互渗透的关系。在虚实共生的阶段，人们已经无法区分什么是现实世界，什么是虚拟世界了。就像科幻电影《黑客帝国》中所描述的故事场景，人们以为自己生活在一个现实世界中，但是人们的感知只是来自大脑的脑电波而已，人们的躯体其实都是被一台叫作 Matrix（矩阵）的人工智能机器所控制的。

元宇宙是虚拟与现实的全面交织，元宇宙时代无物不虚拟、无物不现实，传统虚拟与现实的区分将失去意义。元宇宙将以虚实融合的方式深刻改变现有社会的组织与运作。但需要注意的是，元宇宙不会以虚拟生活替代现实生活，而会形成虚实二维的新型生活方式；元宇宙不会以虚拟社会关系取代现实中的社会关系，而会催生线上线下一体的新型社会关系；元宇宙不会以虚拟经济取代实体经济，而会从虚拟维度赋予实体经济新的活力。

4. 开放的元宇宙：放飞自我，畅享未来

元宇宙一方面逼真模拟了一部分现实世界中的时空规范特性；另一方面又超越、解放了一部分现实世界中的时空规范特性。用户有时需要通过模拟现实世界的走路、跑、跳等动作来移动，有时又可以飞翔或进行瞬时的地理迁移。正是这种有选择的畅享带来自由、沉浸的交互感受。

元宇宙具有庞大的地理空间供用户选择与探索。一种发展方向是由 AI 生成现实世界所没有的地图；另一种是以数字孪生的方式生成与现实世界完全一致的地图。元宇宙是开放的可编辑的世界，用户可以购买/租赁土地，修建建筑物，甚至改变地形。元宇宙与现实地理的重合可产生大量虚实融合场景。

创造虚拟世界的冲动是人类发展的一个永恒话题，而人类自身所处的世界也极有可能是上一个层次设计者所打造的，在各层级"设计者"创造虚拟世界的过程中逐渐现实多元宇宙，如图 10-4 所示。

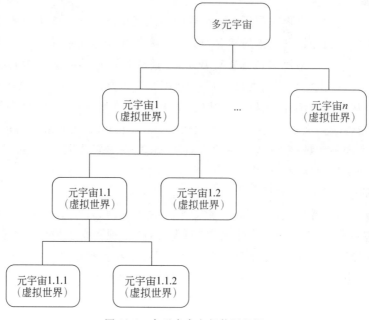

图 10-4　多元宇宙之间的层级图

10.5　元宇宙国内外发展现状

目前,积极筹备发展元宇宙的国家主要包括中国、美国、日本、韩国、新加坡、新西兰等。

中国数字经济正迎来"生态级"发展机会,乘发展之东风,积极打造以政府主导的"元宇宙中国"数字经济体,成立国家级"元宇宙"研发机构,加大资金、人才和激励支持力度,重点攻坚芯片、区块链、地理空间、交互算法、算力、感知显示、图像引擎、3D环境生成等元宇宙基础底层技术和关键核心技术,将为促进元宇宙自主可控发展提供坚实支撑。

美国有当前全球用户数量最大的互联网企业,在消费元宇宙方面有坚实基础。作为消费元宇宙的领头羊,美国在部分核心技术,如硬件入口及操作系统、后端基建、底层架构以及人工智能技术上具有较强的竞争力。从应用层面来看,美国在工业设计和制造领域等驱动工业生产应用效率提升方向发展空间很大。

日本成立了元宇宙协会,帮助企业开展活动;韩国发布了由政府主导的元宇宙计划。整体来看,日本、韩国、新加坡等亚洲国家比欧美国家更积极主动,后者主要因为更关注数据信息保护和隐私安全,来自政府层面的推动力较少。

1. 中国元宇宙发展现状

我国元宇宙发展的潜力巨大,有强大的5G/6G网络基础建设支持和底层技术支持,还有基于消费和社交互联网发展的优势,目前国内主要互联网平台企业都有布局元宇宙。

1）华为

我国科技企业领导者华为的元宇宙布局主要集中在 XR 技术方面。华为不仅发布了 XR 专用芯片、游戏控制器和 VR 头盔显示器等相关专利产品，还围绕着"1＋8＋N"战略集结了 5G、云服务、AI/VR/AR 等一系列前沿技术。通过自主研发、扶持开发者、与游戏厂商合作等多种形式，不断丰富鸿蒙系统内容生态。在 5G 方面，华为更是一枝独秀，作为全球端到端标准最大的贡献者，在端到端的网络端、芯片端以及终端均占据了主导地位，真正构建网络-芯片-终端的端到端能力。

在硬件及操作系统方面，华为的 XR 战略是"端＋管＋云"协同打造繁荣开放的生态体系，同时 XR 也是华为 1＋8＋N 全场景智慧化战略非常重要的组成部分。在 2021 年华为开发者大会 XR 分论台上，华为 VR/AR 产品总裁李腾跃介绍道："华为以 VR/AR ＋5G＋AI 为核心连接云端，围绕 XR 全场景端到端地构建 XR 核心能力。同时华为消费者业务将执行 1＋8＋N 战略，并对于该战略做了简单介绍，即以手机为中心＋八大智能产品类别＋N 个生态产品来覆盖全产品。而其中 VR/AR 眼镜作为八大智能产品类之一，与平板、耳机、PC、眼镜、印象、大屏幕和车技并列。华为利用 Hilink 将这些产品连接了进来，华为 VR/AR 是全场景智慧化战略中不可或缺的组成部分，可以帮助华为智慧场景连接更多的云端设备。"

拥有专用的软硬件是一项技术或产品走向产业化的标志，目前全球 VR/AR 芯片市场由高通占据主导地位。华为于 2020 年 5 月推出的海思 XR 专用芯片，是首款可支持 8K 解码能力，集成 GPU、NPU 的 XR 芯片，首款基于该平台的 AR 眼镜为 Rokid Vision。除了支持 8K 硬解码能力，海思 XR 芯片还可以支持到单眼 42.7PDD 的分辨率。同时，该芯片使用了海思半导体专有架构 NPU，最高可以提供 9TOPS 的 NPU 算力。华为海思 XR 芯片正在挑战高通的霸主地位，如图 10-5 所示。

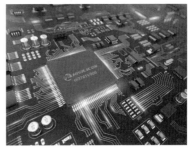

图 10-5 华为海思 XR 专用芯片

2）腾讯

腾讯是国内较早进入元宇宙领域的互联网公司。2012 年，腾讯以 3.3 亿美元的价格收购了 Epic Games；2020 年，腾讯参与了元宇宙第一股 Roblox 的 G 轮融资；2021 年，腾讯独家代理的国行版 *Roblox* 上线。无论是 Roblox 还是 Epic Games，都有着在元宇宙体系中竞争的优势。

腾讯对元宇宙的探索也是最为积极的。2021 年 10 月，腾讯游戏天美工作室发布了多个有关新项目 ZPLAN 的招聘信息，该项目主打"游戏＋社交"方向，外界推测该款产品可能是腾讯的首款元宇宙游戏。在此之前，腾讯还申请注册了多个元宇宙相关的商标，如天美元宇宙、王者元宇宙等。

腾讯也在加快布局元宇宙的脚步。腾讯已经推出全新 X 的 R 业务，目前正在内部开启活水招聘。资料显示，该业务的目标是在行业领军人物的带领下打造世界一流的硬科技团队，争夺硬科技时代的下一个制高点。虽然在硬件设施方面，腾讯的实力还不尽如人意，但从其一系列的结构调整与投资风向来看，腾讯在元宇宙领域的布局是多方向的、多角度的。

3）阿里巴巴

阿里巴巴于2021年8月成立了杭州数典科技有限公司，以布局VR设备硬件领域。阿里云异构计算产品主要针对元宇宙的企业级应用，提供了从渲染、串流到编码的一整套视觉计算解决方案。阿里云与游戏开发工作室JP GAMES Co.，Ltd.建立合作伙伴关系，为其提供元宇宙建设支持服务和前所未有的交互体验。

在阿里2021年度云栖大会上，阿里宣布成立面向AR、VR和元宇宙技术方向的XR实验室，以探索下一代云网端融合架构下的未来操作系统以及着力于新一代移动计算平台的研究。大会上，XR实验室负责人谭平则阐述了阿里对元宇宙的理解，谭平将元宇宙划分为以下4个层次。

（1）L1（全息构建）。在虚拟世界构建地图/人/物模型，并在终端硬件上进行显示，诸如现在市面上已有的VR看房等应用，而阿里在这一层级的布局是，与天猫合作构建全息店铺。

（2）L2（全息仿真）。虚拟世界的人/物模拟现实世界的动态，让虚拟无限逼近真实世界，诸如现在市面上已有的VR游戏、数字孪生的应用等。阿里选择与创业公司合作虚拟人，AYAYI便是在这一层级的尝试。

（3）L3（虚实融合）。虚拟世界的信息叠加到现实世界显示，技术本质是构建整个世界的高精度三维地图，并在这一地图上准确地实现定位、虚拟信息叠加等。而这一层级最适合现实中的一些展示类的场景，阿里就与松美术馆合作搭建了AR艺术展。

（4）L4（虚实联动）。虚拟世界的行为在现实世界产生反馈，通过改变虚拟世界来改造真实世界，阿里在这一层级的尝试是做出了一款苹果采摘机器人。

另外，与腾讯一样，阿里也在提前为元宇宙的发展埋下更多的伏笔。阿里已经申请注册了阿里元宇宙、淘宝元宇宙、钉钉元宇宙、METAMEETING、METALEARNING、元宇宙DINGTALK等多项商标。作为与腾讯并驾齐驱的互联网巨头，阿里在元宇宙方向的伏笔也同样令人期待。

4）字节跳动

2021年8月29日，国内规模最大的VR独角兽公司Pico发布全员信，称已被字节跳动收购。据媒体披露，此次收购价格高达90亿元人民币，是目前为止中国VR行业最大的一笔收购案。

在此之前，字节跳动已在VR/AR领域进行了长期的研发投入，在交互系统、环境理解等方面收获许多技术成果。旗下的抖音App在2017年就推出了VR社交以及AR扫一扫、AR互动、AR滤镜等功能。

此外，字节跳动于2021年10月12日投资了光舟半导体公司。该公司成立于2020年1月，总部位于深圳，是由AR光学专家朱以胜和科学家初大平教授等共同创办的。光舟半导体公司聚焦于衍射光学和半导体微纳加工技术，设计并量产了AR显示光芯片及模组，旗下还拥有半导体AR眼镜等硬件产品。

5）网易

网易是我国主要的互联网企业之一，也是中国第二大游戏公司，网易看好元宇宙产业的发展。

在技术层面，网易在VR、AR、人工智能、引擎、云游戏、区块链等元宇宙相关领域，拥

有中国领先的技术储备,具备探索和开发元宇宙的技术和能力。网易伏羲人工智能实验室成立于 2017 年,是国内专业从事游戏与泛娱乐 AI 研究和应用的顶尖机构。网易伏羲的六大主要研究方向包括强化学习、自然语言处理、视觉智能、虚拟人、用户画像、大数据和云计算平台,已拥有数字人、智能捏脸、AI 创作、AI 反外挂、AI 对战匹配、AI 竞技机器人等多项行业领先技术。

在硬件层面,网易在 VR/AR 硬件及操作系统的布局主要集中于围绕消费级 AR 眼镜(HoloKit)和网易影见投影仪。2018 年 1 月,网易发布 HoloKit AR 眼镜的产品形态及宣传视频,上线 HoloKit 开发者社区官网。HoloKit 全面支持苹果 ARKit、AR Core,同时整合设计了自己的交互页面。HoloKit 的技术方案源自硅谷新媒体艺术工作室 Amber Garage,其创始人胡伯涛从专研无人机的定位算法中获得 AR 算法的解决方案,因此称之为 HoloKit。网易围绕 HoloKit AR 眼镜展开布局,计划由网易人工智能事业部、网易严选、网易游戏事业群三大部门共同支撑 HoloKit AR 项目。

在内容层面,网易持续加注 AR/VR 内容。2016 年 5 月,网易游戏发布第一款 ARPG VR 游戏《破晓唤龙者》,并登录了 Daydream 平台。二次元手游《阴阳师》于 2017 年 1 月增加了 AR 扫卡功能。2017 年 9 月,网易发布 AR 手游《悠梦》——一款以梦境解谜为主题的游戏,玩家将在游戏中体验一场虚拟与现实交错的梦境之旅。2017 年 11 月,网易参投游戏公司 Niantic,Niantic 是 AR 游戏 *Pokémon GO* 的研发商。2021 年 8 月,网易伏羲正式发布沉浸式虚拟会议系统"瑶台",其创造了一个全新的古风沉浸式虚拟会议世界。

基于游戏领域的强大实力,网易已经在元宇宙相关的 AI 技术上具备了较好的技术积累,不过其在 AR 硬件上的努力还没有好的成果。但综合而言,未来作为元宇宙发展最早最成熟的领域,游戏元宇宙方面,网易是具备一定的先天优势的。

6)莉莉丝

上海莉莉丝网络科技有限公司是上海游戏界四小龙之一,作为 2021 年年度游戏十强"走出去"企业,全球已有超过 180 个国家和地区有莉莉丝的身影。莉莉丝被清华大学《元宇宙发展研究报告》第一版列为中国元宇宙五大典型企业之一,说明其游戏虚拟和互动方面取得了良好的成绩。

莉莉丝以游戏起家,迅速积累资本,转而进军 UGC 平台、云游戏、AI 领域。从短期来看,这是为加速公司游戏业务发展;从长远战略来看,无论是 UGC 平台、云游戏还是 AI 领域,这些都是元宇宙的基础组成部分。

7)米哈游

上海米哈游网络科技股份有限公司也是上海游戏界四小龙之一,2021 年米哈游营业收入超过 300 亿元,也被《元宇宙发展研究报告》第一版列为中国元宇宙五大典型企业之一。

米哈游已推出的游戏包括《崩坏学园》《崩坏学园 2》《崩坏 3》《原神》《未定事件簿》《崩坏星穹铁道》等。其中《原神》在 2021 年多次超越王者荣耀,位居中国游戏海外市场单个游戏收入排名第一。

在游戏领域,米哈游和莉莉丝的异军突起为中国游戏产业全球化贡献了中国力量。对于元宇宙产业,米哈游持因其积极的态度,未来有可能在游戏元宇宙领域占据重要

地位。

2. 美国元宇宙发展现状

美国科技巨头在 VR/AR 市场具备先发优势,积累了丰富的 VR/AR 内容和技术,平台能力强,同时在芯片、算力算法、开发工具等硬软件基础设施端优势明显,当前元宇宙产业链布局较为完善。

1)国际游戏大厂 Rolobx

Rolobx 成立于 2004 年,总部位于美国加利福尼亚州圣马特奥县,创始人是大卫·巴斯祖奇(David Baszucki)。2021 年,Roblox 营业收入为 19.19 亿美元,2022 年 1 月 20 日数据显示,Roblox 的总市值达 291.24 亿美元。Roblox 是 2021 年元宇宙概念流行的起源,其提出的元宇宙八大特点被业内广泛接受。

作为"元宇宙第一股"的 Roblox 专注元宇宙发展已久,将首个 metaverse 概念写入招股说明书,并提出平台通向元宇宙的 8 大关键特征:身份、社交、沉浸感、随地、多元化、低延时、经济系统以及文明。Roblox 的理念超前,在元宇宙各个方面都有布局,不过受限于本身体量太小,并且主要是以平台为业务核心,但其建立的元宇宙生态平台软件,整体受众人数目前是全球第一的,未来还有很大发展空间。Roblox 对元宇宙产业的发展具有广泛推动作用。

2)国际科技巨头微软

微软公司成立于 1975 年,总部设立在美国华盛顿州雷德蒙德,由比尔·盖茨((Bill Gates))和保罗·艾伦(Paul Allen)共同创立。微软是一家跨国科技企业,以研发、制造、授权和提供广泛的计算机软件服务业务为主。微软在元宇宙软件、硬件、内容等方面具有深厚的积累,在军事、医疗、企业应用等领域远远领先于全球其他竞争对手,尤其是在增强现实领域实力雄厚,微软的 AR 眼镜是全球最早大规模市场化的 AR 产品。

在对待元宇宙的态度上,微软是态度较为积极的巨头企业之一。2021 年年底,微软在其 Ignite 全球大会上高调宣布元宇宙战略,业界对元宇宙的热情也因微软的入局再掀高潮。

微软在硬件入口上的产品主要聚焦在 MR 设备上。微软先后推出 Kinect、HoloLens 等产品,既可连接各类终端设备,也可以完全独立使用,无须线缆连接、无须同步计算机或智能手机。其最新的产品是 HoloLens 2,能够与微软 Azure、Dynamics 365 等远程方案很好地结合使用。HoloLens 从诞生起,就被定义为生产力设备,可以作为制造、建筑、医疗、汽车、军事等垂直行业的生产力工具。例如,工业场景中常见的维修需求,工人在维修前戴上 HoloLens,就可以看到维修服务请求以及将要维修的设备的三维图像,图像任一部分都可以被放大研究,工人甚至可以使用 HoloLens 内置的 Skype 呼叫专家进行远程支持。

在游戏内容方面,微软发力企业元宇宙的同时,也计划将 Xbox 游戏平台纳入元宇宙中。微软 CEO 萨提亚·纳德拉(Satya Nadella)表示,微软对游戏平台和 Xbox 系列主机拥抱元宇宙具有强烈的信心。微软旗下多款游戏,如《光晕》《我的世界》《模拟飞行》等,走在探索元宇宙的前沿。微软既是目前全球三大游戏机制造商之一,也是 PC 游戏市场的重要参与者。在企业收购方面,2022 年 1 月,微软宣布以 687 亿美元收购动视暴雪。根据微软官网公告显示,此次收购将加速微软游戏业务在移动、PC、游戏机和云领域的快

速增长,并将为其搭建元宇宙提供基础。在底层技术层面,微软的企业元宇宙技术堆栈通过数字孪生、混合现实和元宇宙应用程序(数字技术基础设施的新层次)实现物理和数字的真实融合。

3) 国际芯片巨头英伟达

英伟达(NVIDIA Corporation)成立于 1993 年,总部位于美国加利福尼亚州圣克拉拉市,是一家人工智能计算公司,其创始人兼 CEO 是美籍华人黄仁勋(Jensen Huang)。2022 年 1 月 27 日,英伟达总市值达 6066.75 亿美元,远超过同期英特尔 1937.46 亿美元的市值。英伟达以人工智能芯片为核心,即在元宇宙芯片和 3D 设计和模拟平台的布局方面全球领先。

从 1999 年推出全球首款图形处理器(GPU) GeForce 256 以来,英伟达的 GPU 架构历经多次变革,基本保持两年一迭代。英伟达的 GPU 功能强大,其中 Turing(2018 年)和 Ampere(2021 年)凭借其强大的实时光线追踪和 AI 加速能力,已经改变了最复杂的设计任务流程,如飞机和汽车设计、电影中的视觉效果以及大型建筑设计等。

英伟达在 GPU 领域的专注让其硕果累累,但英伟达并不满足于此。2021 年 4 月,英伟达进军 CPU 市场,基于 ARM 架构构建了 3 款新处理器。同时,英伟达在 GTC 2021 大会上宣布将升级为"GPU + CPU + DPU"的"三芯"产品战略。从元宇宙发展来看,GPU 可以作为硬件入口使得英伟达把握元宇宙主动权,而 GPU 对于人工智能开发也是不可或缺的一部分。2012 年,英伟达与谷歌的人工智能团队合作,建造了当时最大的人工神经网络,之后各深度学习团队开始广泛大批量使用英伟达显卡。2013 年,英伟达与 IBM 在建立企业级数据中心方面达成合作。2017 年,英伟达发布了面向 L5 完全无人驾驶开发平台 Pegasus。目前,英伟达在 AI 芯片领域已经占据主导地位。2019 年,全球前四大云供应商亚马逊、谷歌、阿里巴巴、Azure 的 97.4% 的 AI 加速器实例(用于提高处理速度的硬件)部署了英伟达 GPU。英伟达占据了人工智能算法训练市场近 100% 的份额。全球 Top 500 超级计算机中近 70% 使用了英伟达的 GPU。英伟达的 GPU 芯片产品如图 10-6 所示。

图 10-6 英伟达的 GPU 芯片产品

英伟达已经在积极布局元宇宙相关产业,其在算力方面的布局得天独厚,但在内容、终端硬件等方面却尚无建树,不过英伟达积极拥抱元宇宙是值得肯定的。

4) 国际社交巨头 Meta

Meta 由美国媒体平台 Facebook 的部分品牌于 2021 年 10 月更名而来。Facebook 成立于 2004 年,总部位于美国加利福尼亚州门洛帕克市,主要创始人是马克·扎克伯格

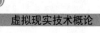

（Mark Zuckerberg）。Meta 2021 年营业收入为 1179 亿美元，净利润为 394 亿美元。2021 年，Facebook 更名为 Meta，直接推动了全球元宇宙产业的发展浪潮，其发布的元宇宙视频全面诠释了未来元宇宙对人们工作、学习、生活等的影响，对元宇宙产业发展的正向推动无出其右。Meta 旗下的 Oculus 是全球最大的 AR 眼镜供应商，其 2021 年累计销量突破 1000 万台。从整体实力方面判断，Meta 与微软几乎不分上下，微软在 TB 端独步天下，Meta 在 TC 端独领风骚。

在硬件入口方面，Meta 于 2014 年收购 Oculus，补齐硬件短板。据 2021 Q1 全球 VR 设备品牌的份额排行榜显示，Meta 旗下的 Oculus VR 以绝对优势排名第一（75％），大朋 VR（6％）和索尼 VR（5％）分列第二和第三位。2021 Q1 VR 设备以 85％的出货量份额领跑全球 XR 市场，其中，Oculus Quest 2 的贡献最大。

Meta 的这次全面进入元宇宙对产业带来的影响是非凡的。Meta 具有强大的软硬件、丰富的内容、完善的底层技术构建、独到的人工智能技术，从元宇宙产业的全球影响力来看，Meta 是远大于微软的。对于元宇宙，扎克伯格的理解是，"元宇宙就是更具象的互联网，在那里，你不只是观看内容，而是身在其中。你感觉和其他人待在一起，获得不同的体验。这是你在 2D 平面应用程序或网页上无法体验到的"。

Meta 对待元宇宙的发展是非常积极的，而且其本身拥有大量技术、资源和内容，是一家敢于自我革命的企业。

3. 日本元宇宙发展现状

日本业内人士认为，人工智能、机器人、互联网以及计算机正在改变人们的工作和生活方式。元宇宙将成为未来智慧城市最重要的关键词，它不仅涉及游戏与娱乐，也将深入各个商业领域。

互联网的高速发展和智能手机的普及，使增强现实、虚拟现实、混合现实及影像现实等技术越来越接近人们的生活。未来元宇宙或将通过技术手段使现实空间和网络空间逐渐融合。

元宇宙对经济社会的深刻影响或将延伸至现实不动产领域。房地产的价值会随着时代及生活形态的改变而发生变化。当元宇宙的发展成为一种实际现实，新的行为准则和价值观可能形成新的工作及生活形态，从而成为影响房地产价值的因素，甚至刷新人们对土地和城市的传统观念。

日本 ACG（animation comics games，动画 漫画 游戏）产业积累深厚，动漫 IP 资源丰富，日本元宇宙的技术布局主要围绕 VR 硬件设备及游戏生态展开。

索尼与 VR 开发商 Hassilas 拥有 PlayStation 主机系统和游戏生态，旗下的 PlayStation VR 的全球销量排名行业前三。索尼于 2020 年、2021 年两次投资 Epic Games，在虚幻引擎等技术方面有所布局。2022 年 1 月 31 日，索尼互动娱乐宣布以 36 亿美元收购美国热门游戏《光环》《命运》的开发商 Bungie。此外，索尼还推出了 *Dreams Universe*，用户可以在其中进行 3D 游戏创作、视频制作，并分享到 UGC 社区。

2020 年 3 月，任天堂发布《动物之森》系列的第 7 部作品，与之前的《动物之森》系列相同，每个用户占据一座荒岛，可以访问其他用户的岛屿；用户还可以设计自己的衣服、招牌等道具。此外，从娱乐等应用场景向外延伸，日本目前已经将相应的技术应用在演出及会议等领域。

2021 年 6 月,日本 VR 冒险游戏开发商 MyDearest 筹资 9 亿日元,拟投入集原创 IP、VR 游戏、社区三位一体的创新型游戏的开发中。

2021 年 8 月,日本移动社交游戏平台巨头公司 GREE 宣布投资 100 亿日元(约 5.9 亿元人民币)加入元宇宙事业,目标是用两到三年的时间在全球范围内争取到数亿用户。GREE 旗下子公司 REALITY 是其元宇宙业务的主要运营方,REALITY 的手机虚拟直播软件 REALITY 目前在全球 63 个国家和地区开展手机虚拟直播服务,为数百万人提供虚拟直播体验。GREE 平台构建起一个完整的虚拟世界,优质的元宇宙服务应该向用户提供有助于构建人际关系、长时间停留在虚拟世界的机制。

2021 年 8 月 5 日,Avex Business Development 与 Digital Motion 合作成立 Vitual Avex,计划促进现有动漫或游戏角色举办虚拟艺术家活动,以及将真实艺术家演唱会等活动虚拟化。

4. 韩国元宇宙发展现状

韩国政府强力引领虚拟数字人技术发展在领域内可谓独树一帜。韩国于 1998 年提出实行"文化立国"政策,由政府发挥宏观调控和引导作用,鼓励产业升级创新,为韩国文化产业发展营造了积极的氛围,从一定程度上保证了韩国文化作品的质量及创新力。韩国政府在对待元宇宙的政策上也几乎延续了相关发展战略,采取了较为积极的支持政策。

由政府牵头成立"元宇宙联盟",旨在通过政府和企业的合作,在民间主导下构建元宇宙生态系统。同时,韩国数字新政推出数字内容产业培育支援计划,共投资 2024 亿韩元(约 11.6 亿元人民币),其中,支援 XR 内容开发 473 亿韩元(约 2.7 亿元人民币)、支援数字内容开发 156 亿韩元(约 0.89 亿元人民币)、支援 XR 内容产业基础建造 231 亿韩元(约 1.3 亿元人民币)。

首尔市政府于 2021 年 11 月 3 日宣布将建立元宇宙平台,计划以虚拟世界提供城市公共服务,据韩联社报道,该项目计划耗资 39 亿韩元,是市长吴世勋"首尔愿景 2030"计划中,将首尔打造为未来之城的内容之一。这一元宇宙政务平台名为 Metaverse Seoul(元宇宙首尔),首尔市政府表示,"元宇宙首尔"将逐步实现市民和企业服务虚拟化,如举办虚拟跨年仪式,设立虚拟市长办公室并为金融技术、投资以及"大学城"等项目提供虚拟现实化服务工作。

整体来看,韩国在"虚拟数字人"方向的应用已经较为成熟,与其成熟的偶像工业相结合具有非常多的应用场景。

SKTelecom(SK 电讯)开发了基于 AR 技术的 App,用户可以设计自己的 AR 形象并放在现实场景中进行照片、视频等的拍摄,还能与众多 K-POP 明星联名推出明星 AR 形象,同时使用全息视频捕捉技术,允许用户与偶像随时随地合影留念。

游戏企业 NCsoft 推出的元宇宙平台,特别为 K-POP 粉丝提供了服务,如 Private Call,使用这些服务,用户可以收到通过深度学习生成的艺人的语音信息,还可以自由装饰偶像成员的 3D 角色、设计舞蹈等动作。

SNOW 公司推出的 ZEPETO 社交类产品,目前拥有超过 3 亿用户。其中有 90% 来自韩国本土以外,80% 的用户是十几岁的青少年。2020 年 9 月,ZEPETO 上举行了韩国偶像团体 BLACKPINK 的虚拟签名会,有超过 4000 万人线上参与。ZEPETO 还与

Gucci、Nike、Supreme 等时尚大牌联名推出了虚拟产品。

10.6　元宇宙产业生态

目前,元宇宙产业生态渐趋成熟,元宇宙提供的技术支撑包括网络环境、虚实界面、数据处理、认证机制以及内容生产 5 部分,如图 10-7 所示。

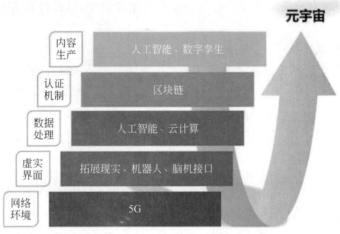

图 10-7　元宇宙产业提供的技术支撑

网络环境一般指 5G 通信基础。在元宇宙应用场景中,XR 设备要达到真正的沉浸感,需要更高的分辨率和帧率,因此需要探索更先进的移动通信技术以及视频压缩算法。5G 技术的高速率、低时延、低能耗、大规模设备连接等特性,能够支持元宇宙所需要的大量应用创新。目前,基于 5G 的"杀手级"应用尚未出现,因此市场需求度和渗透率还不高。元宇宙有可能以其丰富的内容与强大的社交属性打开 5G 高速网络的大众需求缺口,提升 5G 网络的覆盖率。

虚实界面包括扩展现实、机器人、脑机接口等。其中扩展现实可以定义为一个包含 VR、AR、MR 技术以及智能可穿戴设备产生的所有人机交互与环境的组合等的容器。VR 提供沉浸式体验,通过接管人类的视觉、听觉、触觉、味觉、体感以及使用动作捕捉来实现元宇宙中的信息输入输出;AR 是在保留现实世界环境的基础上叠加一层虚拟信息,通过三维注册将虚拟信息与真实物体进行定位;MR 是通过向视网膜投射光场,可以实现虚拟和现实之间的部分保留和自由切换。机器人通过实体仿成为连接元宇宙的另一条渠道。脑机接口应用正在成为科技巨头竞相争取的科技高地,它主要分为植入芯片和意念头箍等技术类型,是利用意念控制各种交互设备的一种技术。

数据处理包括人工智能和云计算,即算力基础。元宇宙应用场景主要包含云储存、云计算,特别是云渲染。目前大型虚拟仿真游戏一般采用"客户端＋服务器"的模式,对客户端设备的性能和服务器的承载能力都有较高要求,尤其在 3D 图形的渲染上完全依

赖终端运算。要降低用户门槛、扩大市场，就需要将运算和显示分离，在云端 GPU 上完成渲染。因此，动态分配算力的云计算系统将是元宇宙的一项重要基础设施。

认证机制即区块链技术，具有稳定、高效、规则透明、确定性等优点，它使得元宇宙中的价值归属、流通、变现和虚拟身份的认证成为可能。此外，NFT（非同质化代币）由于其独一无二、不可复制、不可拆的特点，天然具有收藏属性，因此可以用于记录和交易一些数字资产，如虚拟游戏道具、虚拟物品、虚拟等价物、虚拟艺术品等。

内容生产主要包括人工智能和数字孪生。元宇宙的内容生产需要大幅提升运算性能，而 AI 可以生成不重复的海量内容，实现元宇宙的自发有机生长。元宇宙内容呈现主要体现为由 AI 驱动的虚拟数字人将元宇宙的内容有组织地呈现给用户。内容审查是 AI 针对元宇宙中无法人工完成的海量内容进行审查，从而保证元宇宙的安全与合法。数字孪生实现元宇宙世界的蓝图。数字孪生即在虚拟空间中建立真实事物的动态孪生体，借助于传感器，本体的运行状态及外部环境数据均可实时映射到孪生体上。该技术最初用于工业制造领域，而元宇宙需要数字孪生来构建细节极致丰富的虚拟仿真的环境，从而营造出沉浸式的交互体验。

元宇宙生态发展的趋势主要涵盖元宇宙底层技术支持、前端设备平台以及场景内容入口等，如图 10-8 所示。

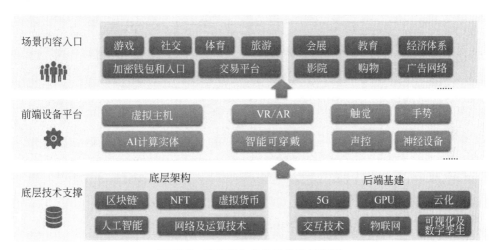

图 10-8 元宇宙生态发展趋势层次图

如前文所述，元宇宙底层技术包括底层架构和后端基础建设。底层架构包含区块链、NFT、虚拟货币、人工智能、网络及运算技术等；后端基础建设包含 5G、GPU、云化、交互技术、物联网、可视化及数字孪生等。

前端设备平台包含虚拟主机，AI 计算实体，VR/AR 及智能可穿戴技术，触觉、手势、声控以及神经设备等。

场景入口包括游戏、社交、医疗、体育、旅游、加密钱包和入口、交易平台、会展、教育、经济体系、影院、购物以及广告网络等。

此外，元宇宙还具有 3 个属性，一是具有时间和空间的时空性；二是包括虚拟人、自然人、机器人的人机性；三是基于区块链所产生的经济增值性。

元宇宙在不同产业领域当中，发展速度是不一样的，如果某一个产业领域和元宇宙的 3 个属性有密切结合,那么它的发展会更快,这包括虚拟游戏、展览、教育、设计规划、医疗、工业制造、政府公共服务等。未来所有的元宇宙行业都需要在具有时空性、人机性和经济增值性的元宇宙中重新进入赛道。

元宇宙企业技术应用和市场的巨大需求密不可分,这进一步催生了产业变革和经营模式改变。从技术层面剖析,企业元宇宙的构建有着丰富的技术逻辑,包括底层技术、交互层、体验层等,只有将每一层都做扎实才能打造真正完整的元宇宙。元宇宙在企业级技术应用层面与市场需求紧密相连,相辅相成,如图 10-9 所示。

图 10-9　元宇宙企业级技术应用层

元宇宙企业级运营内容包括元宇宙交易、元宇宙营销、元宇宙互动、元宇宙要素、元宇宙入口、元宇宙基础设施以及品牌方资源等。

元宇宙是通过数字技术对现实的物理世界进行镜像构建的虚拟世界,这将使人们在元宇宙中可以打破时间、空间限制进行活动,满足在现实生活难以满足的大量需求,从而对各类场景进行颠覆式变革,提高人们生活的满足感。

10.7　工业元宇宙

如果将元宇宙看作虚拟、现实与人的思想相结合的世界,那么工业元宇宙便是元宇宙重要的组成部分;如果将元宇宙看作一种概念、一种技术,那么工业元宇宙则可以理解为元宇宙概念、技术在工业中的应用,是元宇宙赋能工业,促进工业改进、创新,乃至革命的质变因素。在经济社会中,工业是对自然资源的开采和对各种原材料进行加工及装配的物质生产部门,从经济体量上看,目前其仍是产业结构中的第一组成部分。因此探讨工业元宇宙,显然具有重要意义,也有向社会其他行业进行推广的价值。

工业元宇宙是目前三维设计、虚拟现实、增强现实、人工智能、数字孪生、物联网、5G网络、大数据、云计算等新兴技术的发展优化、升级和集成。作为基础设施将大幅度提升算力(硬件、软件、算法)、展示力、交互水平、通信流量、速率、数据储量,将促进工业企业、行业的生态发生革命性的改变,改变人的思维模式,促进创意、创新、创业,促进工业产品的丰富性、高质量、精细化、艺术性,具备竞争力,进而创造巨大的社会价值与经济价值。将元宇宙化繁为简,可以狭义理解为是信息化的单元技术提升、集成性提升、水平提升,核心强调可视化水平升级,目的是可以让人更好地体验,从而快速思考、触动心理,从而产生合适、有效的行动,并取得卓越的成果。工业在国民经济中占有重要地位,因此结合国家的政策,将两化融合、智能制造、数字化转型与元宇宙相结合,提高这些项目的技术水平、能力,将对工业产生巨大影响,从而促进工业产品、工业企业行业生产过程和工业产品应用都上升到卓越的水平。

1. 工业元宇宙技术体系

进入元宇宙时代,连接进入系统的主体、内容将越来越丰富。典型的是,一个人会有多种身份;一个人拥有的智能设备越来越多;通过物联网,人们将接入更多的设备;人们所处的环境,所处的世界,也将会有更多的智能化终端,包括采集、传输、计算、控制等功能。所以未来并不是以往说的"万物"互联,而可能是"万亿物"互联,甚至是"亿亿物"互联,而互联的前提就是从物理世界的事物转变成数字世界、虚拟世界的事物。那么未来,现有的一些基础设施的功能都要在定性上提升至更高一个台阶,在定量上有明确的技术指标的显著性变化。所以可以预期的是,基础设施将得到高速发展,比较典型的就是网络系统、云平台、算力、图形展示力、大数据、人工智能等方面的内容。

元宇宙时代的网络会更加的多元化。从接入端来看,当前的智能手机、平板电脑、计算机属于二维显示与交互,而采用 VR 眼镜等设备,则会转变为三维显示和交互,因此如果消费端能够规模化采用 VR 眼镜,就像在另外一些领域,如智能汽车、工业装备、城市基础设施的物联网终端能够规模化结合起来,那么整体的网络产业链将发生重大变化。而对于不同类型的应用场景而言,网络支持的要求也是差异很大的。例如,以往的平面信息传输时间间隔只要低于 300ms,人的感官就可以接受。但如果是传递体量更大的三维数据,其传输时间间隔要达到几十毫秒级,用户才不会产生眩晕感,这就给网络提出了一个很高的要求,因此综合设定场景的解决方案尤为重要。整体而言,针对工业领域的工业互联网、车联网等新型应用,需要打造一些细分领域的典型场景的样板性工程,从而实现技术突破,最终以点带面实现新型网络技术更上一层楼。

一般意义上的云平台会被认为是大数据、硬件设施、计算软件、人工智能系统的集成,这其实是一种技术层面的定义。实际上,通过分析和使用云平台数据,可以连接各种设备资源,连接城市环境资源,最终连接人,连接组织(专家团队),因此云平台是一个庞大的资源空间,是一个具有势能的场。在这样的空间里,如果其规模足够大,其功能也会更加强大,因

图 10-10 云平台

此需要理性看待和使用云平台,如图 10-10 所示。

对于工业行业而言,云化是必然的方向,而当资源聚集到一起时,就需要更好地制定规范、接口和协议,这样才能更好地集成、统一,而且这些集成技术也是需要不断发展、不断创新的。典型的如工业产品,从满足功能、性能需求,到满足文化需求,再到满足个性化需求,甚至是某一时刻的心理需求,这个细化过程将导致生产、管理的高度复杂性,因此必须重构企业,重构生产模式、管理模式,充分利用网络基础设施、云平台,再结合人的智慧,才能在外部多样性与内部标准、自动化、智能化之间获得平衡,从而构造出工业生产的元宇宙时代的新模式。

总的来说,网络系统及云平台将成为物理世界、数字世界、虚拟世界与人的交汇点,是一个需要关注、需要探索,而又可以获得巨大收益的元宇宙核心。

2. 工业元宇宙技术与产品

元宇宙在工业领域将会得到广泛应用,可以带动生产力提升、改进业务模式,促成企业数字化转型、以人为本转型,优化产业生态,进而促进价值分配与经济模式转变。工业领域中有大量相关的工业软件、系统、互联网平台,进入元宇宙时代,这些软件、系统、平台也将提升到一个更高的水平,因此按照工业管理模式将主要技术划分成 3 类:第一类为技术及管理类;第二类为设备及生产相关类;第三类为经营管理类。从工业信息化发展的路径来看,元宇宙相关技术又可以分成 5 个层级,分别是单元应用、系统化应用、集成化应用、网络化应用以及与更为广泛的互联网相集成。

工业产品从简单到复杂,有封闭系统、也有开放系统,数量从单个到少量,到数以万计、千万计,乃至亿计的规模,其应用场景也千变万化。因此工业产品的设计过程、工业制造与应用过程实际上是从不确定性向确定性转变的过程。进入元宇宙时代,工业产品也将发生相应的改变。

3. 元宇宙工业产品设计场景

工业产品往往相当复杂,涉及多个领域。而产品的设计就是一个复杂的过程,能称得上是一个开放的复杂巨系统,典型的就是个性化产品或客户定制产品。客户定制并不意味着产品所有的零部件都完全采用定制的方式进行制造,也不是客户可以随心选择、随意拥有,而是一个在逻辑上要符合外在多样性、内部标准化的过程,同时要综合考虑产品交期、产品质量、成本与服务便利性。

1) 工业产品的设计

工业产品的设计是一个过程,在元宇宙时代,这个过程更强调个人的创意,包括客户、消费者的需求,也包括企业领导、企业普通员工的创意,然后进行逐步的不确定性向确定性的转化。虚拟化阶段的制造内容主要包括草图、二维图、三维模型、分析模型、加工模型等。而进入实际生产也往往需要一个过程,例如,一般企业会有预先生产原型产品、初步的设计产品、定型产品等;而航天领域则有的模样、初样、试样、正样。在整体的设计过程中,沟通协同无处不在,典型的有设计师与设计师的协同,设计师与工艺人员的协同,与仓库物流的协同,企业人员与相关供应链的协同,企业人员与客户、消费者的协同,乃至于管理部门与环保、安全等部门的协同。这些协同的场景都需要提升信息内容,因此,在数字化技术方面深化应用三维设计、装配模型、工业造型、仿真分析、优化设计等软件;在物理设备上利用摄像头云阵,先进的网络技术,如 VR/AR 设备、大屏幕展示设备,以更好地展示,交互与体验,以获得更好的产品设计效果。AR 头盔工业应用如图 10-11 所示。

在工业产品的设计过程中,尤其要强调对多工况的考虑。一方面,随着我国的工业产品走向全球,应用的场景日益复杂,工业产品又往往有着较长的应用周期,随着时间的变化,工业产品也需要相应的维护保养,直至最终报

图 10-11　AR 头盔工业应用

废。那么在产品的设计阶段,就不仅要考虑产品正常的使用,还要考虑一些极限的情况,甚至是出现安全问题的紧急处置情况,因此未雨绸缪地进行预先的防范设计就尤为重要。另一方面,面向全球市场思考工业产品的应用场景,以及其竞争产品、替代产品、客户产品,也将促使产品设计达到世界级水平,乃至世界领先水平。

2) 从智能制造到智慧制造场景

通常意义上的制造过程是物质的变化过程,如切削、挤压的物理变化,铸造、合成药品的化学变化,因运输而导致的位置变化等。进入信息时代,这些变化还都包含着信息的变化。同时制造过程也是人的作业过程,虽然随着科技的发展,目前的很多产品制造工作已经没有了人的参与,出现了所谓的全自动化工厂、"黑灯工厂"。但这种模式仅适用于工业产品内在标准化部分的生产,而不是完整的产品。作为整体的工业产品,其制造过程是效率、成本、质量、客户满意度的平衡与优化,所以很多工作还是需要人来完成,例如生产调度、异常情况的解决,以及对生产过程的改进、产品的优化等。以人机结合的方式进行生产,在硬件设备方面,由数字加工中心、自动化装夹设备、智能刀具系统、机器人、自动运输小车、流水线等组成;在生产控制方面,需要检测技术、控制技术、自动化计划等;在生产指挥方面,需要计算机技术、大数据技术、人工智能技术等。

由德国提出的"工业4.0"战略强调利用物联信息系统将生产中的供应、制造、销售信息数据化、智慧化,最后达到快速、有效、个人化的产品供应。工业4.0主要分为三大主题,即智能工厂、智能生产、智能物流。而在元宇宙时代,智慧制造是智能制造的升级,也就是要强调那些隐性的问题,或者说是需要改进的问题;强调宏观的,而不是微观的;强调定性的,而不是定量的;强调经验的,而不是逻辑的。这样把人与智能设备结合起来,才可以真正制造出客户满意、经济价值高的工业产品。而用元宇宙理念与技术的典型应用则包括在产品生产之前模拟车间整体的生产过程;配戴VR眼镜,在系统指导下,进行复杂零件的安装;企业生产人员更好地监控生产设备的状态;快速解决生产过程中的问题;海外客户更好地远程掌握生产过程的状态,保证产品符合质量要求;对生产线、生产过程、工业产品进行改进优化等。

3) 工业产品应用场景

工业产品也是在不断改进升级的,如工业互联网,就非常强调工业产品的智能化,而且强调从工业产品到芯片、到网络设备、到电信运营商、到数据分析的综合集成。进入元宇宙时代,则需要考虑如何使工业产品保持正常的工作状态,保持正常的工作能力。数字孪生、信息物理系统可以作为工业产品的典型信息化应用模式。数字孪生的狭义定义是从物理实体孪生出数据,而数据经过传输,仅变化了地理位置,如太空中的卫星数据传递到地球上的控制中心,利用这些数据构建出卫星的三维模型,以更好地查看、掌握卫星的状态。数字孪生的进一步发展,称为信息物理系统(cyber physical systems,CPS)。信息物理系统的构成包括3个要素,即通信、计算与控制,它具备使能能力、闭环控制能力,可以认为数字孪生是信息物理系统的核心组成部分。近些年,又诞生了人、信息系统以及物理系统有机组成的综合智能系统(human-cyber-physical systems,HCPS),这种模式引入了真实的人,变得更加完整,更具有智能和智慧。基于HCPS的新一代智能制造如图10-12所示。

图 10-12　基于 HCPS 的新一代智能制造

4. 虚拟人与虚拟身份

一直以来,企业中就有使用以真实人类为模版制造的类人设备参与工业生产的传统,如在汽车碰撞试验中使用的假人、车间流水生产线上的机器人、特种岗位工作人员穿着的外骨骼等。进入元宇宙时代,虚拟人将会有更为广泛的应用。

而在工业企业中,更需要强调的是虚拟身份。例如,因个人身份的原因,一些人的意见往往会被忽视,那么建立匿名的建议系统,就可以大幅度减少这样的问题。又如构建虚拟组织,如引入外部资源、聘请星期天工程师、组建外部专家库等,可以大幅度提升企业效能。同时,随着互联网、通信能力的提升,外部人员、专家可以不必亲临现场,就能做到远程指导、远程操控、远程交流、远程解决问题、远程协同创新。

企业是元宇宙时代最重要的经济主体,从现实的企业组织到与网络相结合的虚拟组织将日渐流行,如海尔集团的员工创客化就是一种虚拟组织模式。海尔的员工创客化,其最主要的特点就是员工与企业之间没有劳动关系,但二者之间仍然是紧密合作的。在元宇宙时代,这种模式会越来越多。

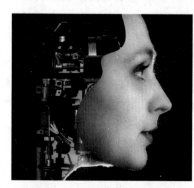

图 10-13　未来的智能机器人

进入元宇宙时代,不能把"人"与"机"简单地分离,而是要集成性地看待,工业的制造过程不仅是物的变化过程,也是信息的变化过程,更是人的作业过程,那么人与机器相结合,与大数据、云计算、人工智能等相结合,才是正确的方式和趋势。未来的智能机器人如图 10-13 所示。

5. 从企业到生态平台,再到工业元宇宙

元宇宙时代来临,个人与企业是重要的主体,只有让企业中每个人的价值发挥出来,让创意变成产品,让产品规模化生产,才能真正创造出巨大价值,因此元宇宙赋能工业企业显然意义重大。元宇宙代表着多种新兴技术与理念,在企业中应用,可以采用总体规划、分步实施、重点突破、效益驱动的模式,根据企业自身的具体情况,从单元技术,到内部平台,再到外部平台,乃至工业元宇宙平台推进发展。

1) 积极推进元宇宙单元新兴技术应用

在工业创新体系中,企业是核心主体,负责联合"政产学研用",加强关键技术攻关,积极引进科技成果,加强数字化应用的广度、深度,提升数字化水平,加强数字化与工业化的融合。推进元宇宙相关新兴技术应用,普及应用三维设计、仿真分析、工业造型来优

化设计,将工业化、电子化、信息化、数字化融合提升到新的水平,构建工业互联网、物联网、移动网络,强调可视化模式,应用 VR/AR/XR 技术,在企业各业务领域推进应用,改进企业的生产、管理与决策。

2)构建企业内部数据中台

工业产品的设计与制造是非常复杂的从不确定性向确定性的转化过程,数据的种类和数量是不断增加的。例如,订单阶段只要求技术说明;设计阶段产出的是批量的图纸、三维模型;工业阶段的一个零件需要数张工艺图纸乃至几十张工艺图纸;而到生产阶段,每一个产品都有相应的生产记录。进入元宇宙时代,上述这些图纸、信息需要电子化、数字化,并实现标准化,从而更好地传递、集成、转换应用,因此企业构建统一的设计平台、管理平台、创新平台尤为重要,这种也有的称为数据中台。数据中台强调数据的规范,数据交换的算法、模型、交换协议,从而实现信息的大集成模式。同时数据不是简单的集成,而是要在生产中、生产后以及应用服务中不断提炼知识,建立知识系统、专家系统、人工智能系统,从而提升运营支持能力、问题解决能力、创新能力。

3)主持及参与外部平台

工业企业根据自身情况,积极地主持及参与企业之外的平台建设,这相对于建设内部平台更为重要。通过供应链的集成,可以实现全链优化,从而提升管理效率、生产效率,降低与客户、消费者之间的信息不对称而产生的错误,提高顾客的满意度。通过行业平台,实现资源共享、技术共享、问题缺陷共享,在各有专攻、各有所长的基础上,通过对标管理,提升技术融合、产品融合、业务融合,从而取长补短,提升整个行业的水平。通过地区平台构建产业集群,实现联合营销、设计、制造与服务,并促进数字经济、元宇宙新的产业发展,构建新兴业态。对高价值工业软件,复杂高精度的大尺寸机床设备和检测设备,大数据、高算力、高显示力的人工智能系统集约性使用,提高综合利用率,降低使用成本,以获得较高的性价比,促进新兴技术的广泛化、普及化、深化、高水平应用。

4)积极建设工业元宇宙平台

工业元宇宙也可以看作一个跨越更大范围、更长时间、包含更多内容的大型平台,是数据资源、设备资源、人力资源的载体,是企业发展、行业发展、地区发展乃至国家发展的主阵地,是企业经营与竞争的重要载体,有人说数据资源、数字资源是新时代的石油,那么其重要意义不言而喻。

10.8 元宇宙发展的风险

科技发展永远是一把"双刃剑",在人们享受元宇宙带来的红利之时,也要警惕元宇宙发展的风险。元宇宙发展所面临的风险大致可以归纳为 10 点,分别是资本操纵、舆论泡沫、伦理制约、垄断张力、产业内卷、算力压力、经济风险、沉迷风险、隐私风险和知识产权保护问题。

(1)资本操纵:雏形期的元宇宙仍存在诸多不确定性,一二级市场对新事物的追捧超过了产业发展的速度,资本市场亟须回归理性。

(2)舆论泡沫:非理性的舆论泡沫会导致非理性的各类要素市场的交易震荡。

（3）伦理制约：伦理框架的共识，仍需从多视角去进行探索，这是一个漫长的过程。

（4）垄断张力：各家巨头间的竞争态势决定了其生态的相对封闭性，完全的开放和分布式交互很难实现。

（5）产业内卷：规则上的突破并未从本质上改变产业内卷的现状，元宇宙不是"世外桃源"。

（6）算力压力：如何保障云计算稳定性、低成本算力资源等诸多问题都有待解决。

（7）经济风险：经济风险可能会从虚拟世界传递至现实世界。

（8）沉迷风险：过度沉浸虚拟世界也有可能加剧社交恐惧、社会疏离等心理问题。

（9）隐私风险：人们在目前的互联网时代对隐私保护意识不足，个体隐私数据作为支撑元宇宙持续运转的底层资源需要不断更新和扩张，数据资源合规收集、储存与管理尚待探讨。

（10）知识产权保护：无形资产的确权问题一直是困扰相关行业发展的主要因素，未来多主体协作与跨越虚实边界的改编应用有可能会引发一系列产权方面的纠纷问题。

参 考 文 献

［1］ 张金钊,等. X3D 动画游戏设计:虚拟人、全景技术、影视媒体、游戏动画设计源程序［M］. 北京:水利水电出版社,2010.

［2］ 张金钊,等. X3D 网络立体动画游戏设计——虚拟增强现实技术［M］. 武汉:华中科技大学出版社,2011.

［3］ 张金钊,等. X3D 增强现实技术——第二代三维立体网络动画游戏设计［M］. 北京:北京邮电大学出版社,2012.

［4］ 张金钊,等. 三维立体动画游戏开发设计——详解与经典案例［M］. 北京:北京邮电大学出版社,2013.

［5］ 张金钊,等. 互联网 3D 动画游戏开发设计［M］. 北京:清华大学出版社,2014.

［6］ 张金钊. Unity3D 游戏开发与设计案例教程［M］. 北京:清华大学出版社,2015.

［7］ 张金钊,张金镝. ZBrush 游戏角色设计［M］. 北京:清华大学出版社,2015.

［8］ 张金钊,等. X3D 互动游戏交互设计——可穿戴式交互技术［M］. 北京:清华大学出版社,2017.

［9］ 张金钊,等. VR-Blender 物理仿真与游戏特效开发设计［M］. 北京:清华大学出版社,2020.

附录 A ASCII 码字符集全表

ASCII 码字符集全表如表 A.1 所示。

表 A.1 ASCII 码字符集（0～255）

二进制	八进制	十进制	十六进制	缩写/字符	解　释
00000000	0	0	00	NUL(null)	空字符
00000001	1	1	01	SOH(start of headling)	标题开始
00000010	2	2	02	STX(start of text)	正文开始
00000011	3	3	03	ETX(end of text)	正文结束
00000100	4	4	04	EOT(end of transmission)	传输结束
00000101	5	5	05	ENQ(enquiry)	请求
00000110	6	6	06	ACK(acknowledge)	收到通知
00000111	7	7	07	BEL(bell)	响铃
00001000	10	8	08	BS(backspace)	退格
00001001	11	9	09	HT(horizontal tab)	水平制表符
00001010	12	10	0A	LF(NL line feed,new line)	换行键
00001011	13	11	0B	VT(vertical tab)	垂直制表符
00001100	14	12	0C	FF(NP form feed,new page)	换页键
00001101	15	13	0D	CR(carriage return)	回车键
00001110	16	14	0E	SO(shift out)	不用切换
00001111	17	15	0F	SI(shift in)	启用切换
00010000	20	16	10	DLE(data link escape)	数据链路转义
00010001	21	17	11	DC1(device control 1)	设备控制 1
00010010	22	18	12	DC2(device control 2)	设备控制 2
00010011	23	19	13	DC3(device control 3)	设备控制 3
00010100	24	20	14	DC4(device control 4)	设备控制 4
00010101	25	21	15	NAK(negative acknowledge)	拒绝接收

二进制	八进制	十进制	十六进制	缩写/字符	解　释
00010110	26	22	16	SYN(synchronous idle)	同步空闲
00010111	27	23	17	ETB(end of trans. block)	传输块结束
00011000	30	24	18	CAN(cancel)	取消
00011001	31	25	19	EM(end of medium)	介质中断
00011010	32	26	1A	SUB(substitute)	替补
00011011	33	27	1B	ESC(escape)	溢出
00011100	34	28	1C	FS(file separator)	文件分隔符
00011101	35	29	1D	GS(group separator)	分组符
00011110	36	30	1E	RS(record separator)	记录分隔符
00011111	37	31	1F	US(unit separator)	单元分隔符
00100000	40	32	20	(space)	空格
00100001	41	33	21	!	
00100010	42	34	22	"	
00100011	43	35	23	♯	
00100100	44	36	24	$	
00100101	45	37	25	%	
00100110	46	38	26	&	
00100111	47	39	27	'	
00101000	50	40	28	(	
00101001	51	41	29	)	
00101010	52	42	2A	*	
00101011	53	43	2B	+	
00101100	54	44	2C	,	
00101101	55	45	2D	—	
00101110	56	46	2E	.	
00101111	57	47	2F	/	
00110000	60	48	30	0	
00110001	61	49	31	1	
00110010	62	50	32	2	
00110011	63	51	33	3	
00110100	64	52	34	4	
00110101	65	53	35	5	

二进制	八进制	十进制	十六进制	缩写/字符	解　　释
00110110	66	54	36	6	
00110111	67	55	37	7	
00111000	70	56	38	8	
00111001	71	57	39	9	
00111010	72	58	3A	:	
00111011	73	59	3B	;	
00111100	74	60	3C	<	
00111101	75	61	3D	=	
00111110	76	62	3E	>	
00111111	77	63	3F	?	
01000000	100	64	40	@	
01000001	101	65	41	A	
01000010	102	66	42	B	
01000011	103	67	43	C	
01000100	104	68	44	D	
01000101	105	69	45	E	
01000110	106	70	46	F	
01000111	107	71	47	G	
01001000	110	72	48	H	
01001001	111	73	49	I	
01001010	112	74	4A	J	
01001011	113	75	4B	K	
01001100	114	76	4C	L	
01001101	115	77	4D	M	
01001110	116	78	4E	N	
01001111	117	79	4F	O	
01010000	120	80	50	P	
01010001	121	81	51	Q	
01010010	122	82	52	R	
01010011	123	83	53	S	
01010100	124	84	54	T	
01010101	125	85	55	U	

二进制	八进制	十进制	十六进制	缩写/字符	解　　释
01010110	126	86	56	V	
01010111	127	87	57	W	
01011000	130	88	58	X	
01011001	131	89	59	Y	
01011010	132	90	5A	Z	
01011011	133	91	5B	[	
01011100	134	92	5C	\	
01011101	135	93	5D	]	
01011110	136	94	5E	^	
01011111	137	95	5F	_	
01100000	140	96	60	`	
01100001	141	97	61	a	
01100010	142	98	62	b	
01100011	143	99	63	c	
01100100	144	100	64	d	
01100101	145	101	65	e	
01100110	146	102	66	f	
01100111	147	103	67	g	
01101000	150	104	68	h	
01101001	151	105	69	i	
01101010	152	106	6A	j	
01101011	153	107	6B	k	
01101100	154	108	6C	l	
01101101	155	109	6D	m	
01101110	156	110	6E	n	
01101111	157	111	6F	o	
01110000	160	112	70	p	
01110001	161	113	71	q	
01110010	162	114	72	r	
01110011	163	115	73	s	
01110100	164	116	74	t	
01110101	165	117	75	u	

二进制	八进制	十进制	十六进制	缩写/字符	解　释
01110110	166	118	76	v	
01110111	167	119	77	w	
01111000	170	120	78	x	
01111001	171	121	79	y	
01111010	172	122	7A	z	
01111011	173	123	7B	{	
01111100	174	124	7C	|	
01111101	175	125	7D	}	
01111110	176	126	7E	～	
01111111	177	127	7F	DEL（delete）	删除
10000000	200	128	80	€	
10000001	201	129	81		
10000010	202	130	82	‚	
10000011	203	131	83	ƒ	
10000100	204	132	84	„	
10000101	205	133	85	…	
10000110	206	134	86	†	
10000111	207	135	87	‡	
10001000	210	136	88	^	
10001001	211	137	89	‰	
10001010	212	138	8A	Š	
10001011	213	139	8B	‹	
10001100	214	140	8C	Œ	
10001101	215	141	8D		
10001110	216	142	8E	Ž	
10001111	217	143	8F		
10010000	220	144	90		
10010001	221	145	91	'	
10010010	222	146	92	'	
10010011	223	147	93	"	
10010100	224	148	94	"	
10010101	225	149	95	•	

二进制	八进制	十进制	十六进制	缩写/字符	解　释
10010110	226	150	96	–	
10010111	227	151	97	—	
10011000	230	152	98	~	
10011001	231	153	99	™	
10011010	232	154	9A	š	
10011011	233	155	9B	〉	
10011100	234	156	9C	œ	
10011101	235	157	9D		
10011110	236	158	9E	ž	
10011111	237	159	9F	Ÿ	
10100000	240	160	A0	（space）	半角空格
10100001	241	161	A1	¡	
10100010	242	162	A2	¢	
10100011	243	163	A3	£	
10100100	244	164	A4	¤	
10100101	245	165	A5	¥	
10100110	246	166	A6	¦	
10100111	247	167	A7	§	
10101000	250	168	A8	¨	
10101001	251	169	A9	©	
10101010	252	170	AA	ª	
10101011	253	171	AB	《	
10101100	254	172	AC	¬	
10101101	255	173	AD		
10101110	256	174	AE	®	
10101111	257	175	AF	¯	
10110000	260	176	B0	°	
10110001	261	177	B1	±	
10110010	262	178	B2	^{2}	二次方
10110011	263	179	B3	^{3}	三次方
10110100	264	180	B4	′	
10110101	265	181	B5	µ	

二进制	八进制	十进制	十六进制	缩写/字符	解　释
10110110	266	182	B6	¶	
10110111	267	183	B7	·	
10111000	270	184	B8	¸	
10111001	271	185	B9	¹	
10111010	272	186	BA	º	
10111011	273	187	BB	»	
10111100	274	188	BC	¼	
10111101	275	189	BD	½	
10111110	276	190	BE	¾	
10111111	277	191	BF	¿	
11000000	300	192	C0	À	
11000001	301	193	C1	Á	
11000010	302	194	C2	Â	
11000011	303	195	C3	Ã	
11000100	304	196	C4	Ä	
11000101	305	197	C5	Å	
11000110	306	198	C6	Æ	
11000111	307	199	C7	Ç	
11001000	310	200	C8	È	
11001001	311	201	C9	É	
11001010	312	202	CA	Ê	
11001011	313	203	CB	Ë	
11001100	314	204	CC	Ì	
11001101	315	205	CD	Í	
11001110	316	206	CE	Î	
11001111	317	207	CF	Ï	
11010000	320	208	D0	Đ	
11010001	321	209	D1	Ñ	
11010010	322	210	D2	Ò	
11010011	323	211	D3	Ó	
11010100	324	212	D4	Ô	
11010101	325	213	D5	Õ	

二进制	八进制	十进制	十六进制	缩写/字符	解　释
11010110	326	214	D6	Ö	
11010111	327	215	D7	×	
11011000	330	216	D8	Ø	
11011001	331	217	D9	Ù	
11011010	332	218	DA	Ú	
11011011	333	219	DB	Û	
11011100	334	220	DC	Ü	
11011101	335	221	DD	Ý	
11011110	336	222	DE	Þ	
11011111	337	223	DF	ß	
11100000	340	224	E0	à	
11100001	341	225	E1	á	
11100010	342	226	E2	â	
11100011	343	227	E3	ā	
11100100	344	228	E4	ä	
11100101	345	229	E5	å	
11100110	346	230	E6	æ	
11100111	347	231	E7	ç	
11101000	350	232	E8	è	
11101001	351	233	E9	é	
11101010	352	234	EA	ê	
11101011	353	235	EB	ë	
11101100	354	236	EC	ì	
11101101	355	237	ED	í	
11101110	356	238	EE	î	
11101111	357	239	EF	ï	
11110000	360	240	F0	ð	
11110001	361	241	F1	ñ	
11110010	362	242	F2	ò	
11110011	363	243	F3	ó	
11110100	364	244	F4	ô	
11110101	365	245	F5	õ	

二进制	八进制	十进制	十六进制	缩写/字符	解　　释
11110110	366	246	F6	ö	
11110111	367	247	F7	÷	
11111000	370	248	F8	ø	
11111001	371	249	F9	ù	
11111010	372	250	FA	ú	
11111011	373	251	FB	û	
11111100	374	252	FC	ü	
11111101	375	253	FD	ý	
11111110	376	254	FE	þ	
11111111	377	255	FF	ÿ	

注意：常见的 ASCII 码的大小规则如下。

(1) 0～9＜A～Z＜a～z。

(2) 数字比字母要小，如 7＜F。

(3) 数字 0 比数字 9 要小，并按 0～9 的顺序递增，如 3＜8。

(4) 字母 A 比字母 Z 要小，并按 A～Z 的顺序递增，如 A＜Z。

(5) 同个字母的大写字母比小写字母要小 32，如 A＜a。

还需要记住几个常见字母的 ASCII 码大小：A 为 65；a 为 97；0 为 48。

图 书 资 源 支 持

感谢您一直以来对清华版图书的支持和爱护。为了配合本书的使用,本书提供配套的资源,有需求的读者请扫描下方的"书圈"微信公众号二维码,在图书专区下载,也可以拨打电话或发送电子邮件咨询。

如果您在使用本书的过程中遇到了什么问题,或者有相关图书出版计划,也请您发邮件告诉我们,以便我们更好地为您服务。

我们的联系方式:

清华大学出版社计算机与信息分社网站: https://www.shuimushuhui.com/

地　　址: 北京市海淀区双清路学研大厦 A 座 714

邮　　编: 100084

电　　话: 010-83470236　010-83470237

客服邮箱: 2301891038@qq.com

QQ: 2301891038（请写明您的单位和姓名）

资源下载: 关注公众号"书圈"下载配套资源。

资源下载、样书申请
书圈

图书案例
清华计算机学堂

观看课程直播